# 里山お野菜日記

## ～四季のめぐみ、いただきます～

# はじめに

この本は、「身近な山野草について私のうんちく」を書いた本です。

「これよく見かけるけど、名前知らんかった」
「あ、これカキドオシって言うんやね」
「え、ギボウシって食べれるが？」
「スギナってこんなに栄養があるがやね」

パラパラっとページをめくってみて、こんなふうに思った方、是非もっとじっくり読んでください（つまり買ってくださいということです）。

なぜなら、私もそうだったから……。

みなさん、初めまして。「里山のさとちゃん」こと、山下智子です。私は高知の自然の中で、食育活動を行っています。活動のモットーは、—食の楽しさを感じ、食の大切さを学んでもらうこと—。あくまでも「楽しい」が先です。

私がこのような活動を始めてから、まだたった5年です。大学卒業後17年間、小学校教諭をしていました。転身したのは、子どもたちの姿を通して食の大切さを実感したからです。

そして、子どもだけでなく大人にも、食を楽しむことで身体も心も元気になってもらいたいと考え、今の活動に至ります。

そんな私の食育の舞台は自然の中、主に里山です。

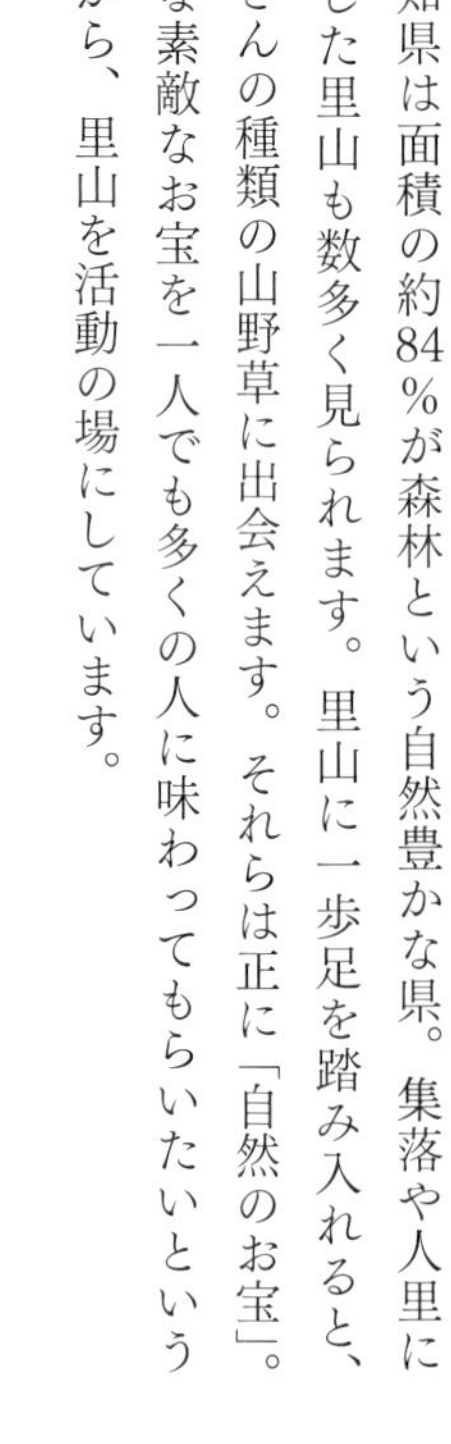

高知県は面積の約84％が森林という自然豊かな県。集落や人里に隣接した里山も数多く見られます。里山に一歩足を踏み入れると、たくさんの種類の山野草に出会えます。それらは正に「自然のお宝」。そんな素敵なお宝を一人でも多くの人に味わってもらいたいという思いから、里山を活動の場にしています。

ここで紹介する山野草は、私が実際に食べたり飲んだりして、親しんできたものばかりです。それらを子どもでも親しみやすいように、「里山のお野菜」と呼んで紹介していきます。この本をきっかけに少しでも山野草に興味を持っていただけたら嬉しいです。

それでは、始まり始まり～

## 里山の妖精 さとちゃん

私の夢の世界から出てきた里山の妖精さとちゃんのナビゲートで、この本は進んでいきます。

さとちゃんは、里山に住んでいる妖精です。

さとちゃんは、里山にあるお野菜を食べています。

さとちゃんは、里山のお野菜をおうちにしています。

さとちゃんは、里山のお野菜とお話しします。

ちょうちょさんとも仲良しです。

私はいつも里山を散歩するとき、<br>
こんな妖精がいてくれたらいいなあ～<br>
いるんじゃないかなあ～<br>
と思っています。

# 里山での おやくそく

里山で楽しく遊ぶために、
次の３つのことをおやくそくしてくださいね。

### ① 勝手に人の野山に入って採らない

野山は所有物です。自分の野山か、あるいは所有者の許可を得てから行くようにしましょう。許可なく他人の土地に入るのは、マナー違反です。

### ② 知っているものだけ採る

山野草は美味しいものばかりではありません。中には毒をもっていて、誤って食べてしまうと死に至るような恐ろしいものもあります。さらに、それら毒草の中には、食べられるものと非常に似ており、素人には区別できないものもあります。

ですから、過去に食べたことのあるものや知っているもの、図鑑などを見て確実に判断できるものだけ採るようにしましょう。わからないものは採らないようにしましょう。

### ③ 必要な分だけ採る

山野草を見つけると嬉しくなってつい採りすぎてしまうこともあります。山野草は自然からの贈り物。他の人も楽しみに採りに来ます。必要な分だけ採るようにしましょう。

# さとちゃん レシピ

分量はすべて目分量、お好みで。あなたが「こればあでぼっちり！」と思う分量でつくってください。
そして、どんどんアレンジを加えて、自分なりのレシピに変えていってください。

# もっと楽しむ ためには

山野草のことを熟知している人と一緒に行くのは、新たな発見があるので大変楽しいことです。山野草の達人からたくさん知識をもらって、たくさん現場の経験を積むことで、次は自分が人に教えてあげられるようになり、まわりの人たちに山野草の魅力を伝えられたらよいですね。

# 薬効の用語説明

抗真菌（こうしんきん）… 真菌（カビ）の増殖を抑える。

催乳（さいにゅう）… 母乳の出を良くする。

止瀉（ししゃ）… 下痢止め。

消炎（しょうえん）… 炎症を鎮める。

小児の癇取り（しょうにのかんとり）… 赤ちゃんの夜泣き、かんしゃくを落ち着かせる。

浄血（じょうけつ）… 血液をきれいにする。

整腸（せいちょう）… 腸の調子を整える。

鎮咳（ちんがい）… 咳を鎮める。

鎮静（ちんせい）… 神経の高ぶりを静め､心と身体の働きをリラックスさせる。

鎮痛（ちんつう）… 痛みを軽くする。

通経（つうけい）… 月経を誘発する。

利胆（りたん）… 胆汁の分泌を促進させる。

利尿（りにょう）… 尿の排出を促進する。

緩下（かんげ）… 便通を促す。

強壮（きょうそう）… 身体の各部や全身の動きを活性化し、強化させる。

去痰（きょたん）… 過剰な粘液を気管から排出するのを助ける。

健胃（けんい）… 胃の機能を高める。

月経不順改善（げっけいふじゅんかいぜん）… 月経の周期を改善する。

解毒（げどく）… 毒性物質を中和する。または、排出する。

解熱（げねつ）… 熱冷まし。

抗（こう）アレルギー … アレルギーの発生を抑える。

抗炎症（こうえんしょう）… 炎症を和らげる。

抗菌（こうきん）… 細菌の増殖を抑える。

抗酸化（こうさんか）… 細胞の酸化を抑制する。老化を遅らせる。

## 春

## 夏

### 初夏



### 夏

## 秋

## 冬

# 春

## 里山が笑う

冬をじっと耐え抜いた里山のお野菜たちが
次々と目を覚まします。
フキノトウに始まり
ツクシ、ワラビ、ウド、
イタドリなどなど
ごちそうがいっぱい！

春の里山はとっても賑やか。
まるで里山が笑っているかのようです。

春になると
お弁当を持って
ごちそうを採りに里山へ出かけます。

そんな春は
私が一番好きな季節です。

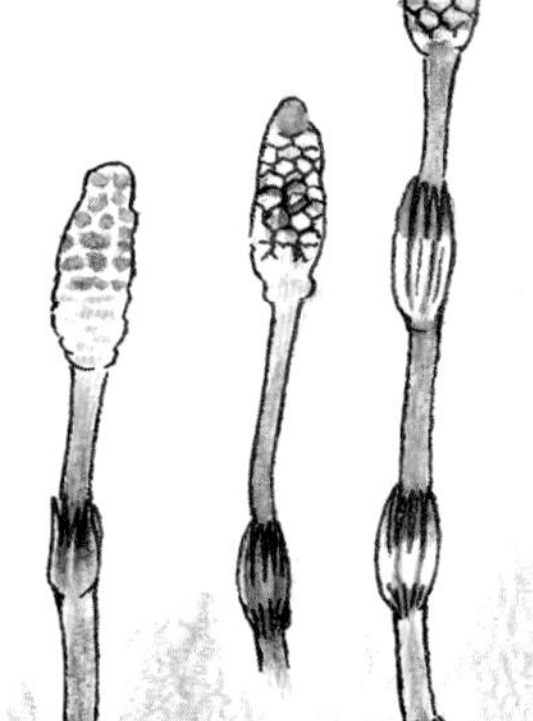

# イタドリ

〈科　目〉タデ科
〈別　名〉スカンポ、スカンコ
〈生薬名〉虎杖根（こじょうこん）

# イタドリさんへ

高知の人はホンマに好きよね。
私は豚肉と甘辛く炒めて食べるがが
イチオシ♡
イタドリという名前の由来は諸説
あるけんど、根茎を痛み止めに使
うことから「イタドリ（痛取り）」だとも
言われゆう。
それだけじゃなく、他にもいろんな
薬効があるがよ。
これはますますイタドリ食べな
いかんね！

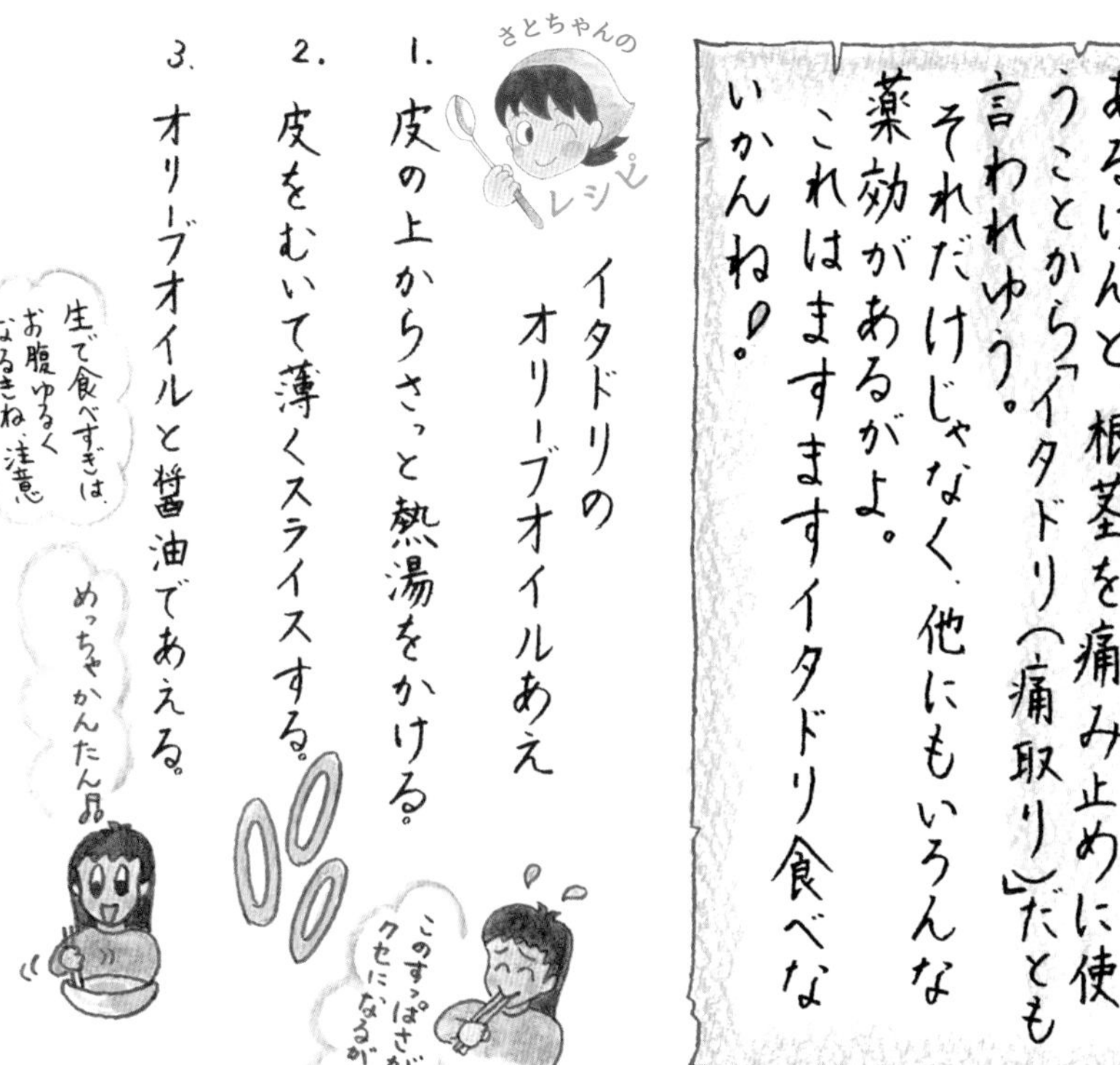


## イタドリのオリーブオイルあえ

1. 皮の上からさっと熱湯をかける。
2. 皮をむいて薄くスライスする。
3. オリーブオイルと醤油であえる。

〈薬効〉疲労回復、緩下、鎮痛、抗菌、利尿 など

# イワタバコ

〈科　目〉イワタバコ科

〈別　名〉イワヂシャ

〈生薬名〉苦苣苔（くきょたい）

イワタバコ さんへ
私、あなたのことを勝手に「自然の便秘薬」と呼ばせていただいております。

私の場合、イワタバコを食べて三十分程たった頃、お腹がゴロゴロ…ああ、スッキリ！

ただし、個人差はありますよ。私の友だちは何もなかったって。

イワタバコの名前の由来は、日陰に面した石垣などに自生していて、葉がタバコの葉に似ているから。

一～四月頃までの若葉は、苦味が少なく、美味しいよ。

さとちゃんのレシピ

イワタバコのベーコン巻き

1. 生の葉を三～五枚、ベーコンと共に巻く。
2. 爪楊子（つまようじ）でとめる。
3. 油をひいて、フライパンで炒める。

じゅー

〈薬効〉健胃、整腸、止瀉、ガン予防、高血圧予防 など

# ウド

〈科　目〉ウコギ科
〈別　名〉ヤマウド、ウドン
〈生薬名〉和独活（わどっかつ）

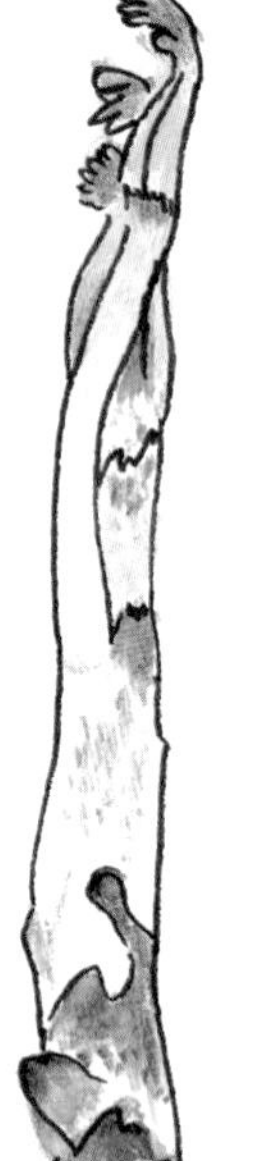

春先に地中から出る太い芽

こんなふうにニョキって出ちょうがねー

ウドの葉

ウドさんへ

ウドさんの新芽は、めっちゃ美味よね。台湾であなたを食べた時は衝軽手やったわー

そう、旅行で訪れた台湾。そこでパッションフルーツとあえられたあなた様をいただきました。台湾の家庭料理にもウドが使われているという驚き。それとウドに絡んでくるパッションフルーツの甘味と酸味。これがまたイケちょった！台湾旅行での大切な思い出の味です。

さとちゃんのレシピ

ウドのきんぴら

1. ウドの茎と皮を千切りにして酢水にさらす。
2. 油で炒める。
3. 醤油とみりんで味付けをする。



〈薬効〉風邪予防、リンパの流れをよくする、鎮痛（頭痛、神経痛、リウマチ など）

# カキドオシ

〈科　目〉シソ科
〈別　名〉カントリソウ
〈生薬名〉連銭草（れんせんそう）

カキドオシの花

葉っぱの形がコアラの耳に似いちゅうー

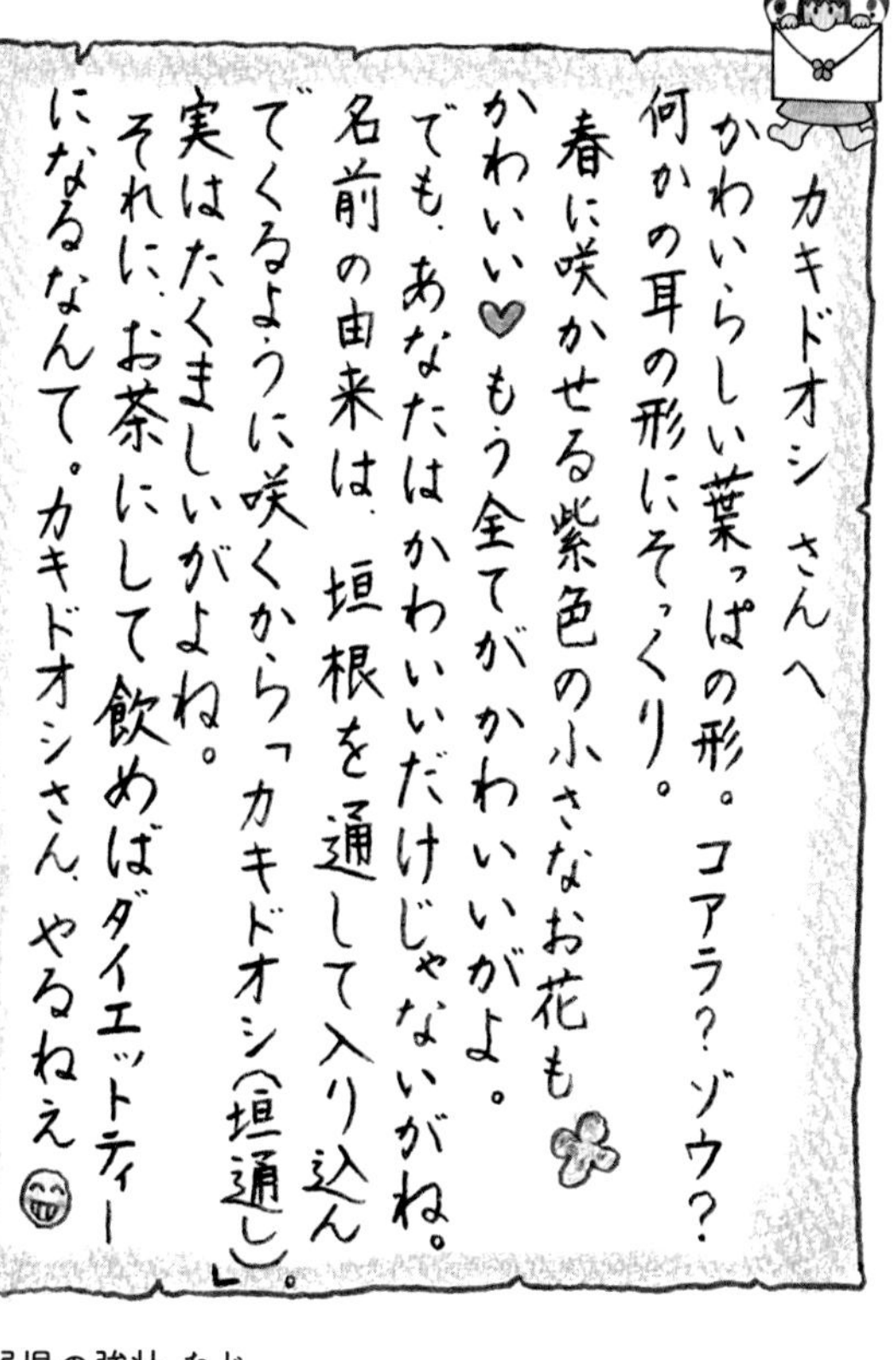

カキドオシ さんへ
かわいらしい葉っぱの形。コアラ？ゾウ？

何かの耳の形にそっくり。

春に咲かせる紫色の小さなお花も
かわいい♥もう全てがかわいいがよ。

でも、あなたはかわいいだけじゃないがね。

名前の由来は、垣根を通して入り込んでくるように咲くから「カキドオシ（垣通し）」。

実はたくましいがよね。

それに、お茶にして飲めばダイエットティーになるなんて。カキドオシさん、やるねえ

さとちゃんのレシピ

## カキドオシとトマトと豆腐サラダ

1. カキドオシは洗ってちぎる。
2. トマトと豆腐は適当な大きさに切る。
3. バランスよく盛り付ける。

ばえる～

お好みでドレッシング

〈薬効〉糖尿病予防、解熱、鎮咳、小児の癇取り、虚弱児の強壮 など

# ギボウシ

〈科目〉ユリ科
〈別名〉ウルイ
〈生薬名〉不明

うんとぬめりがあるきね。野山のワカメみたい。

ギボウシさんへ

「えーっ!! ギボウシって食べれるが!?」

そう言う方、時々いらっしゃるのよね。

どちらかというと、鑑賞用というイメージがあるのかな。品種改良された園芸品種も出てますしね。

でも、ギボウシさんの仲間は、山菜の代表選手。若葉をおひたしやあえ物にすると、美味しいがよ♥

注意

ギボウシ類には、よく似た毒草があります。
バイケイソウ
コバイケイソウ
見分けがつかない時は採るのはやめよう!

葉柄がなく、葉脈の走り方もちがいます
詳しくは、ネットや図鑑で調べてネ

葉柄

さとちゃんのレシピ

## ギボウシのオリーブオイルあえ

1. ギボウシの若葉をゆがいてしぼる。
2. 食べやすい大きさに刻む。
3. オリーブオイルと醤油であえる。

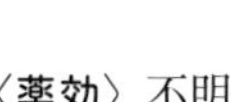


〈薬効〉不明

# クロモジ

〈科　目〉クスノキ科

〈別　名〉トリキ、トシシバ

〈生薬名〉釣樟(ちょうしょう)

## クロモジさんへ

あなたをお茶にして飲んだらね、スーッて体の中が浄化されていく感じ。樹木にも葉にも強い芳香があって、その中にはリラックス効果が証明されている香りもたくさん含まれちゅうがやって！名前の由来は、緑色の枝に黒い文字のような斑点が現れるから。その枝は爪楊子になるがよ。クロモジさんの爪楊子でいただくと、お菓子の味がワンランク上がるき、不思議

さとちゃんのレシピ

### クロモジまんじゅう

1. クロモジの葉を一週間ほど天日干しする。それをミキサーやミルにかけて粉状にする。
2. もち粉を水で溶き、クロモジ粉をまぜ、クレープの皮を作る。
3. あんこを皮で半月状にくるむ。



〈薬効〉抗菌、抗炎症、鎮静、健胃、高血圧予防 など

# スギナ

〈科　目〉トクサ科
〈別　名〉ツグナ
〈生薬名〉問荊（もんけい）

ぼくらの
お母さんやき

遠い昔から
どんな景色を
見てきたが？

スギナさんへ

「ちょっと、人間さんたち！ 畑の厄介者って
誰のことよ！」
もし、あなたが話すことができたら、
こう言うろうね。ホンマ、失礼。
だってあなたは、約三億年も前から
地球に存在する大先輩。生き残って
こられたのは、そのたぐいまれなる繁
殖力のおかげ。
そのパワーをいただくことは、私たち
人間にとって、当然、健康によいこと。
厄介者ゆうて、ごめんなさいやね。

さとちゃんのレシピ

## スギナ茶

1. スギナを洗って、カリカリになるまで天日干しにする。
2. 急須にスギナを二〜三つまみ入れる。
3. お湯を注いで三分程待つ。

元気

スギナのパワーでパワーアップ

三本の指でつまむ

〈薬効〉利尿、ガン予防、腎臓病予防、美髪、老化防止 など

# フキ

〈科　目〉キク科
〈別　名〉ノブキ、ヤマブキ、バンケ
〈生薬名〉フキノトウ…款冬花（かんとうか）
根茎…蜂斗薬（ほうとやく）

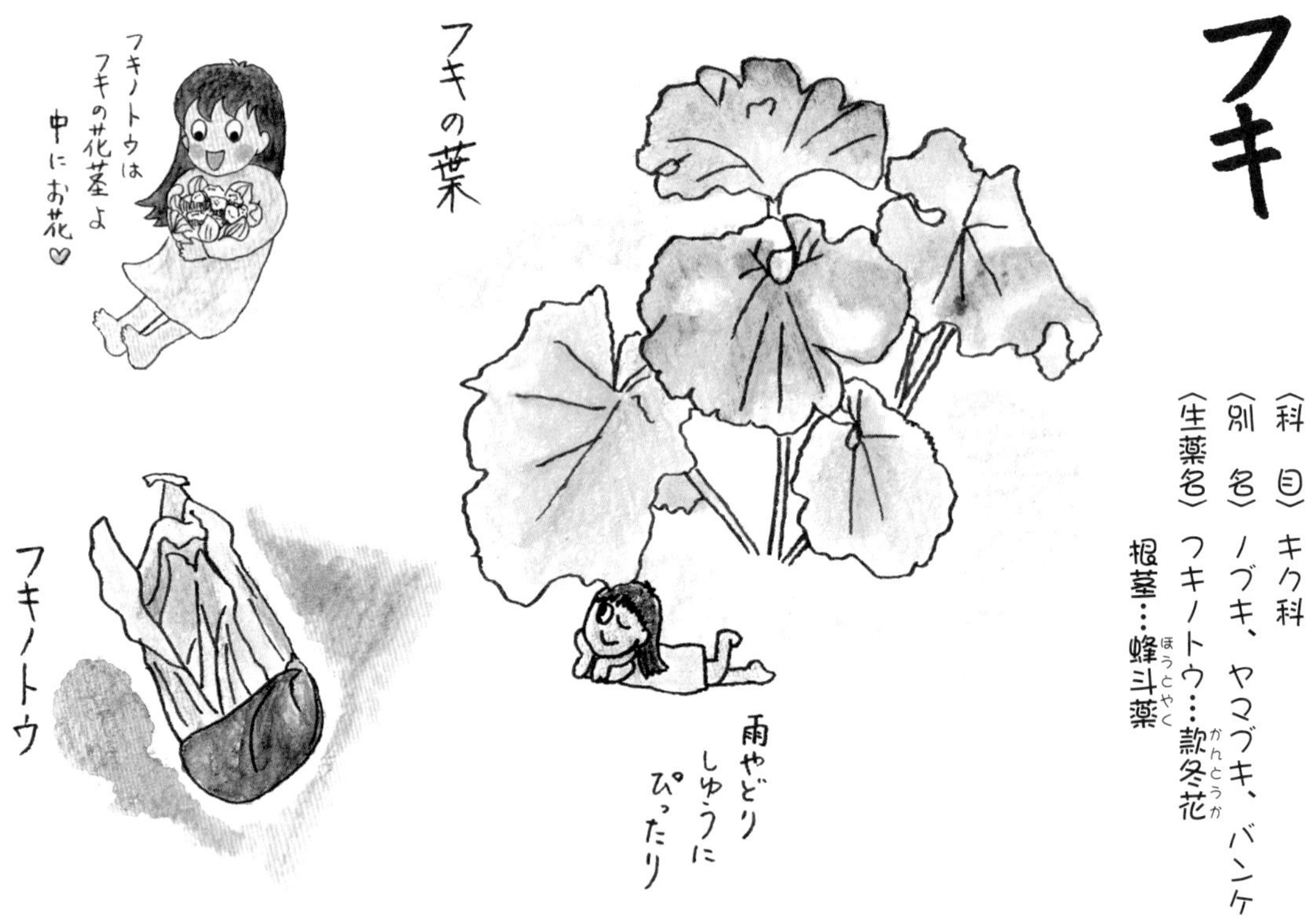

フキさんへ

あなたの花言葉ってホント最高！
考えた人に座布団十枚くらいあげたい。
花言葉は、「困った時に側にいてほしい」
これは、フキの名前の由来からつけられたの
では？と思うわけですよ。
フキは昔、用便後にお尻を拭くことに使
われたから「フキ（拭き）」と名付けられ
たとか。用便後に拭くものなかったら困
るきね。
だからそんな花言葉になったがかなー

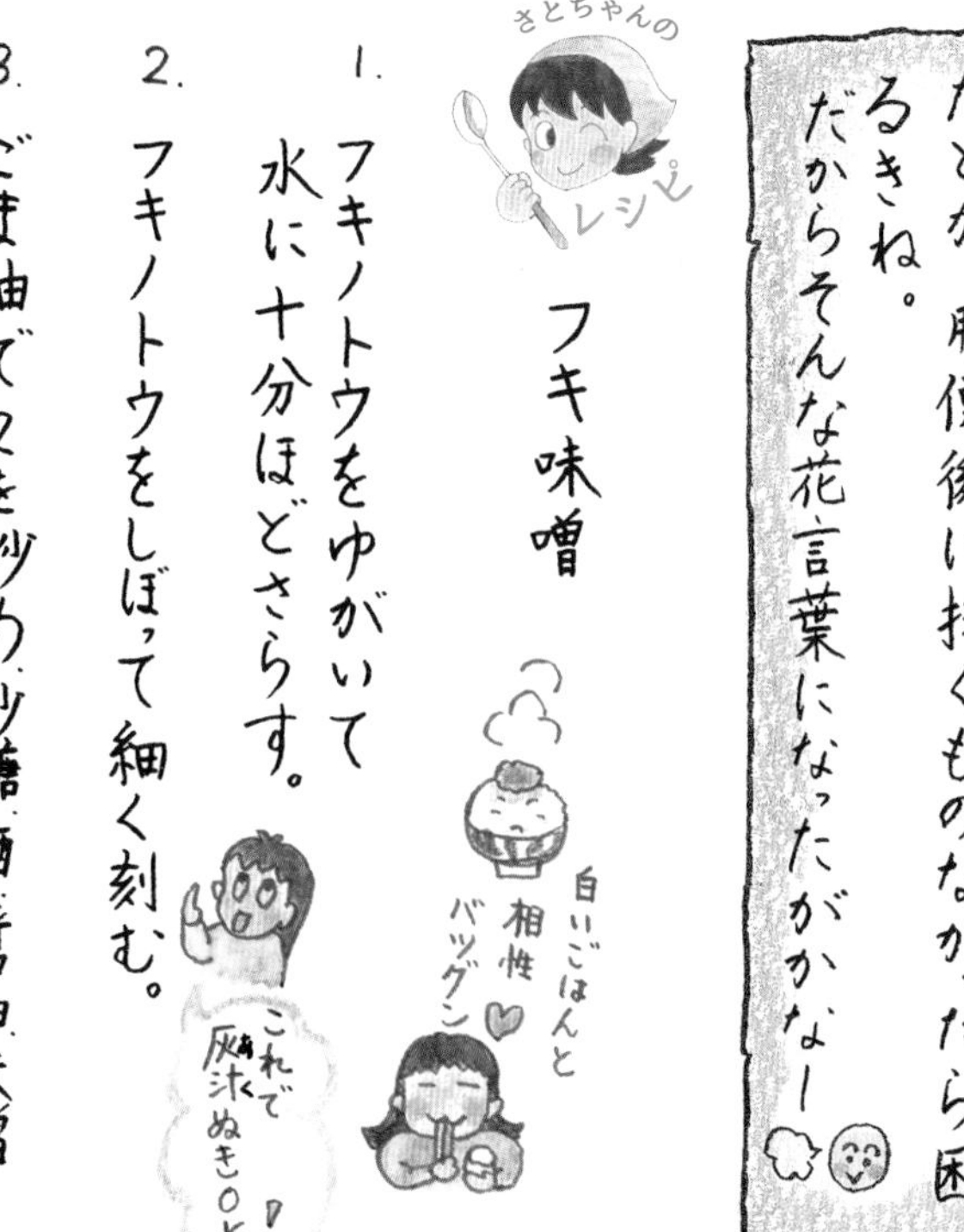


さとちゃんのレシピ

## フキ味噌

1. フキノトウをゆがいて水に十分ほどさらす。
2. フキノトウをしぼって細く刻む。
3. ごま油で2を炒め、砂糖、酒、醤油、味噌を加え、ぽってりするまで煮詰める。

〈薬効〉鎮咳、風邪予防、去痰、小児喘息の改善 など

# ヤブニッケイ

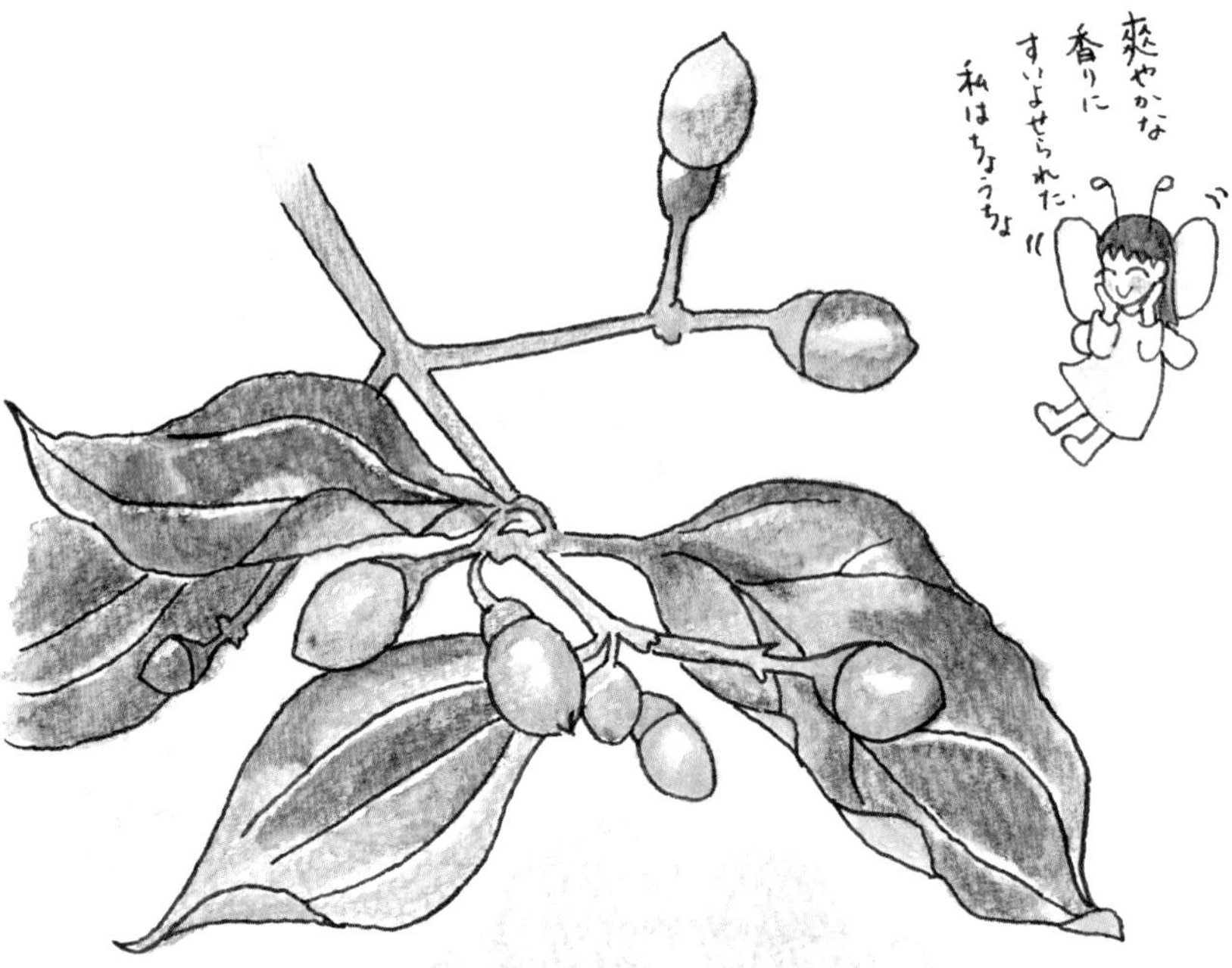

〈科　目〉クスノキ科
〈別　名〉マツラニッケイ、クロダモ
〈生薬名〉不明

爽やかな
香りに
すいよせられた
私はちょうちょ

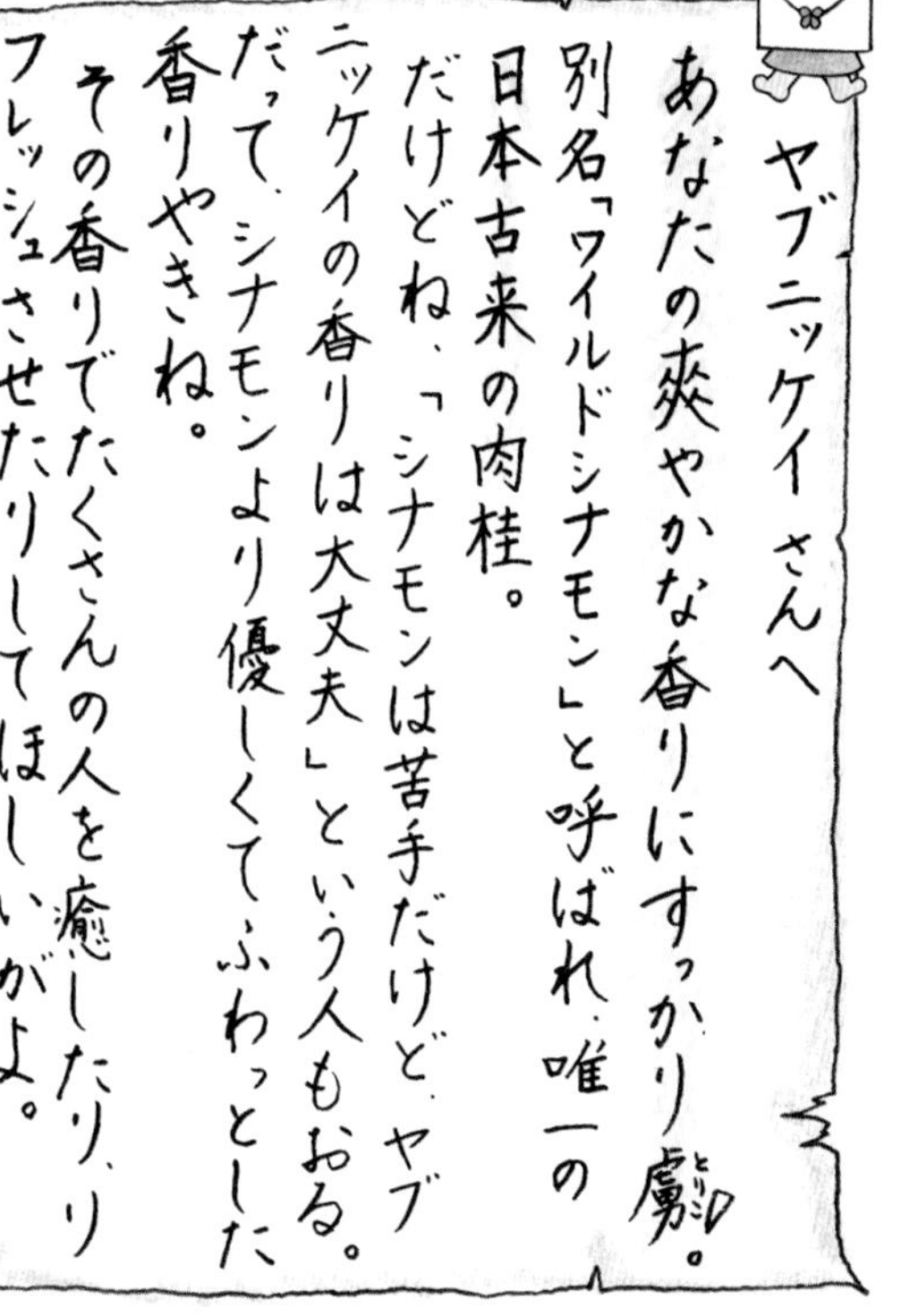

ヤブニッケイさんへ

あなたの爽やかな香りにすっかり虜(とりこ)。
別名「ワイルドシナモン」と呼ばれ、唯一の
日本古来の肉桂。
だけどね、「シナモンは苦手だけど、ヤブ
ニッケイの香りは大丈夫」という人もおる。
だって、シナモンより優しくてふわっとした
香りやきね。
その香りでたくさんの人を癒したり、リ
フレッシュさせたりしてほしいがよ。

さとちゃんのレシピ
トーストしたパンにバターをぬってヤブニッケイパウダーをパラパラ……
トーストからふわっと優しい香り♡

ヤブニッケイの葉を乾燥させてパウダーにすれば色々な料理に合います。

お塩にまぜてヤブニッケイソルト

天ぷら塩に

バニラアイスにトッピング

さわやか〜♡

〈薬効〉血行促進、抗酸化、抗炎症、コレステロール低下、糖尿病予防 など

# ワラビ

〈科　目〉ワラビ科
〈別　名〉ワラビナ、ヤワラビ
〈生薬名〉不明

ワラビさんへ

春はダイエットにぴったりの季節。ダイエットの心強い味方があなたなのよ! 人間の体は春になると、体内の不要な物を出そう出そうとするがやって。それをさらに助けてくれるのが、苦味のある山野草たち。ワラビさんもそう。とは言え、苦味の正体灰汁には、発ガン性物質が含まれちゅうみたいなき。灰汁抜きはしっかりやってね。春はワラビを食べて、体内にあるいらん物出して、ダイエットぜよ!

さとちゃんのレシピ

ワラビのペペロンチーノ

1. フライパンにオリーブオイルをひき、にんにくを炒める。
2. 香ってきたら、ベーコンを入れ、塩こしょうをふる。
3. 灰汁抜きしたワラビを入れて、さっと炒める。

パンとか
パスタにも

灰汁抜きの仕方

1. 沸騰したお湯で三分程ゆでる。
2. 重曹を一つまみ加えたたっぷりの水に一晩つける。
3. 翌朝、きれいな水ですすぐ。

〈薬効〉美肌、爪や髪をきれいにする、代謝を上げる、デトックス など

美しい花たちに出会う

# 初夏

里山に咲く花が好きです。
里山を歩いていると
思わぬところで美しい花に出会います。

zzz

「なんでこんなところに？」
「もう誰も来んかもよ？」

咲きたかったがやね。
ここに咲きたかったがやね。
誰にも見てもらえず枯れていくかもしれんのに。
ただ自分のためだけに
懸命に咲いている。

だから里山に咲く花たちに
こんなにも心惹かれるのかもしれません。

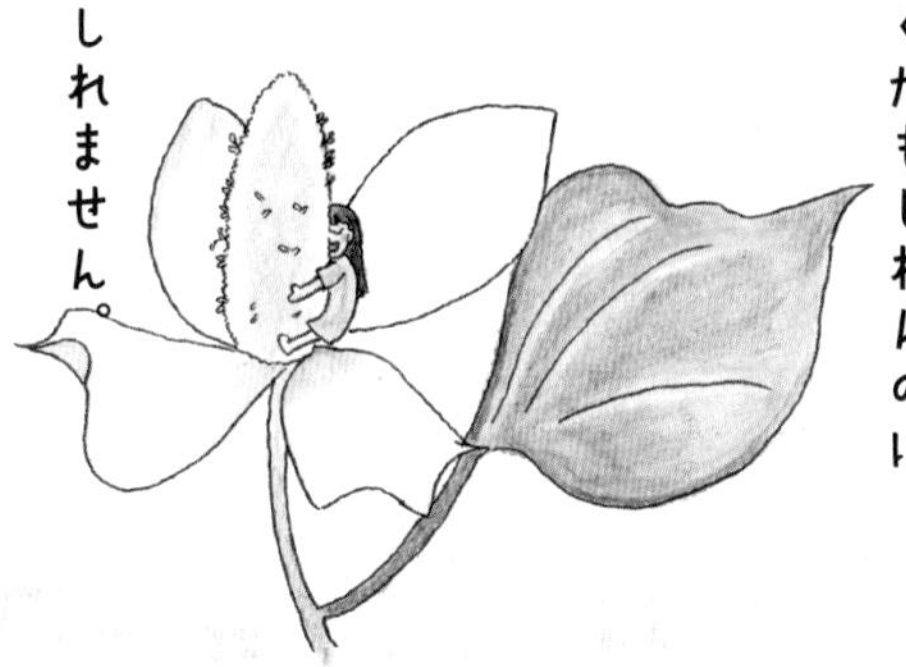

# オオバコ

〈科　目〉オオバコ科

〈別　名〉オバコ、スモウトリグサ、カエルバ

〈生薬名〉全草…車前草（しゃぜんそう）　種子…車前子（しゃぜんし）

ひっぱりあって
おすもうさん

オオバコさんへ

オオバコ相撲をよくやったがよね。茎と茎をひっかけて引っぱり合って。やりませんでしたか？子どもの頃、別名「スモウトリグサ」と書いてあるのを見た時、「あ、やりよった」と思い出したがよ。

自ら車の通り道に進出して咲くから生薬名は「車前草」って言うが。踏まれても踏まれても立ち上がる。

私もオオバコさんみたいなたくましさ、ほしいちゃ……。ちなみに花言葉は、「耐え忍ぶ愛」。ぴったりやねぇ。

さとちゃんのレシピ

# オオバコのまぜごはん

1. ちりめんじゃこをごま油で炒める。
2. オオバコの葉をさっとゆがいてみじん切り。
3. 1と2に醤油とみりんを加えて煮詰め、白いごはんにまぜる。



〈薬効〉鎮咳、健胃、去痰、利尿、風邪予防 など

# スイカズラ

〈科　目〉スイカズラ科
〈別　名〉蜜吸花（みつすいばな）、チチバナ
〈生薬名〉茎葉…忍冬（にんどう）　花…金銀花（きんぎんか）

スイカズラ さんへ

前にね、車酔いで苦しそうにしていた人にあなたのお茶を飲ませてあげたがよ。そしたら、「楽になったみたい」って言われた。

そう、スイカズラさんは、からだの不調に幅広く作用してくれる里山の万能選手やきね。

甘い蜜があって、子どもたちが喜んで蜜を吸うき、「スイカズラ」って名前がついたとか。

五月になったら白と黄色の花を咲かせてくれるがね。清楚でとってもかわいい。

毎年、楽しみにしちゅう。

さとちゃんのレシピ

スイカズラ茶

1. 茎と葉を二〜三センチに刻み、カリカリになるまで干す。
2. 一つまみ急須に入れて湯を注ぐ。
3. 三〜五分蒸らして飲む。

まさに……

万能茶

他にも……

お花はピーナッツとかきあげにしてもウマイ♡

〈薬効〉解毒、解熱、利尿、浄血、不老長寿 など

# ドクダミ

〈科　目〉ドクダミ科

〈別　名〉イシャコロシ

〈生薬名〉十薬（じゅうやく）

ドクダミさんへ
高知では、あなたのことを「ベンジョグサ」と呼ぶ人もおるね。昔、便所の近くに咲いちょったき？便所みたいな匂いがするき？でも、あなたの秘めたパワーを知ったらきっと誰も「ベンジョグサ」なんて呼べんはず。生薬名の「十薬」は、「十の効き目がある」が由来。そのパワーは、白い可憐な花が咲く五月～梅雨の初め頃にかけて最も強くなるがやと。
あなたのすばらしいパワーをもっとみんなに知ってもらえるように、がんばって伝えていくきね。

さとちゃんのレシピ

ドクダミ茶

1. ドクダミを水洗いして、天日でカリカリになるまで干す
2. 適当な大きさにカットする。
3. 急須にお好みの量を入れ、お湯を注いで三分ほど待つ。

美人になれるお茶よ♡

ニオイが気になる人は、他のお茶とブレンドしてネ

〈薬効〉抗菌、抗真菌、解毒、利尿、美肌 など

# スイバ

〈科　目〉タデ科
〈別　名〉スイスイ、スカンポ
〈生薬名〉不明

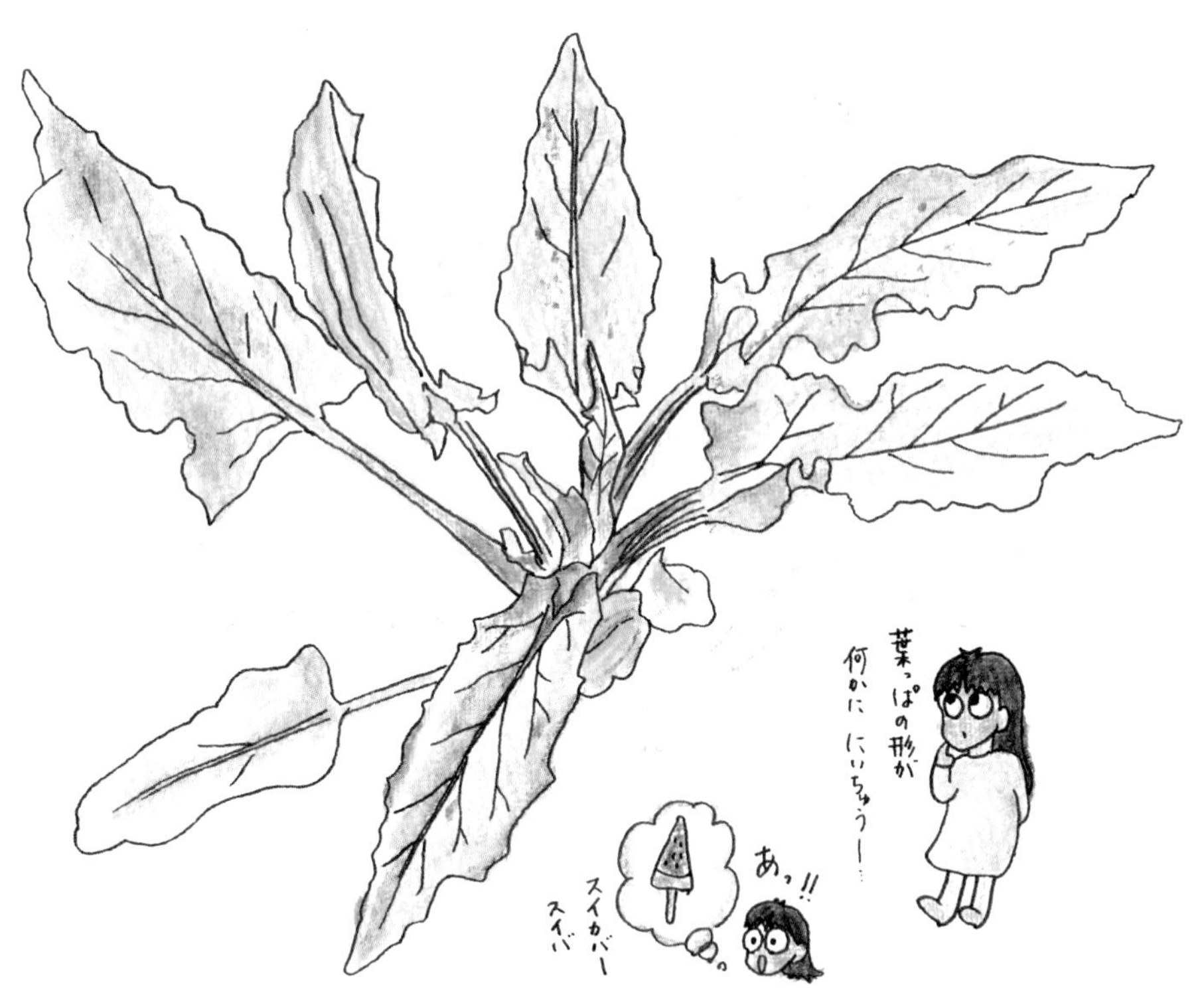

スイバさんへ
その名の通り、食べたらすっぱいき、「酸い葉」ながやね。そのまんまやん！
このすっぱさの正体は、シュウ酸。便秘の解消や疲労回復にも効果的。お腹が弱い人は食べ過ぎるとお腹がゆるくなることもあるので気をつけてよ。
私は、このスイバを「里山のほうれん草」だと思ってて。ほうれん草よりちょっとすっぱいけんどね。卵と炒めたり、キッシュにしても美味しいよ。

さとちゃんのレシピ

## スイバ味噌

1. スイバをさっとゆがいて細く刻む。
2. 味噌とみりんを合わせてまぜる。
3. スイバとみりん味噌をまぜる。

いろんなものに♡

〈薬効〉疲労回復、緩下、健胃 など

# ギシギシ

〈科　目〉タデ科

〈別　名〉オカジュンサイ、ウマスカンポ

〈生薬名〉不明

ギシギシ さんへ

あなたの花言葉は「忍耐」。何かわかる気がするちや……。

ユニークな名前の由来は、
・京都の方言という説（どんな方言かは？）
・茎と茎とを擦り合わせると、ギシギシ鳴るからという説
など、諸説あるがよ。

私は、花言葉の「忍耐」が名前の由来に関係していそうに思うがかね。忍耐する時って歯をくいしばるでね。その時に「ギシギシ」と音がするき、「ギシギシ」という名前になったがやないろうか？

どっちが先かわからんけんど、花、言葉からいろんなことを考えるのもおもしろいね。

さとちゃんのレシピ

## ギシギシの卵炒め

1. ギシギシの葉は洗って食べやすい大きさに刻む。
2. ごま油やバターで炒め塩をふる。
3. 溶き卵を加え、さっとまぜあわせる。

生で食べすぎは、お腹ゆるくなるきね。注意

ふわとろ

固さはお好みで。ちなみにさとちゃんは半熟派

〈薬効〉緩下、高血圧予防、二日酔い改善、美肌（ニキビ）など

# ユキノシタ

〈科　目〉ユキノシタ科
〈別　名〉金線草（きんせんそう）、イワブキ
〈生薬名〉虎耳草（こじそう）

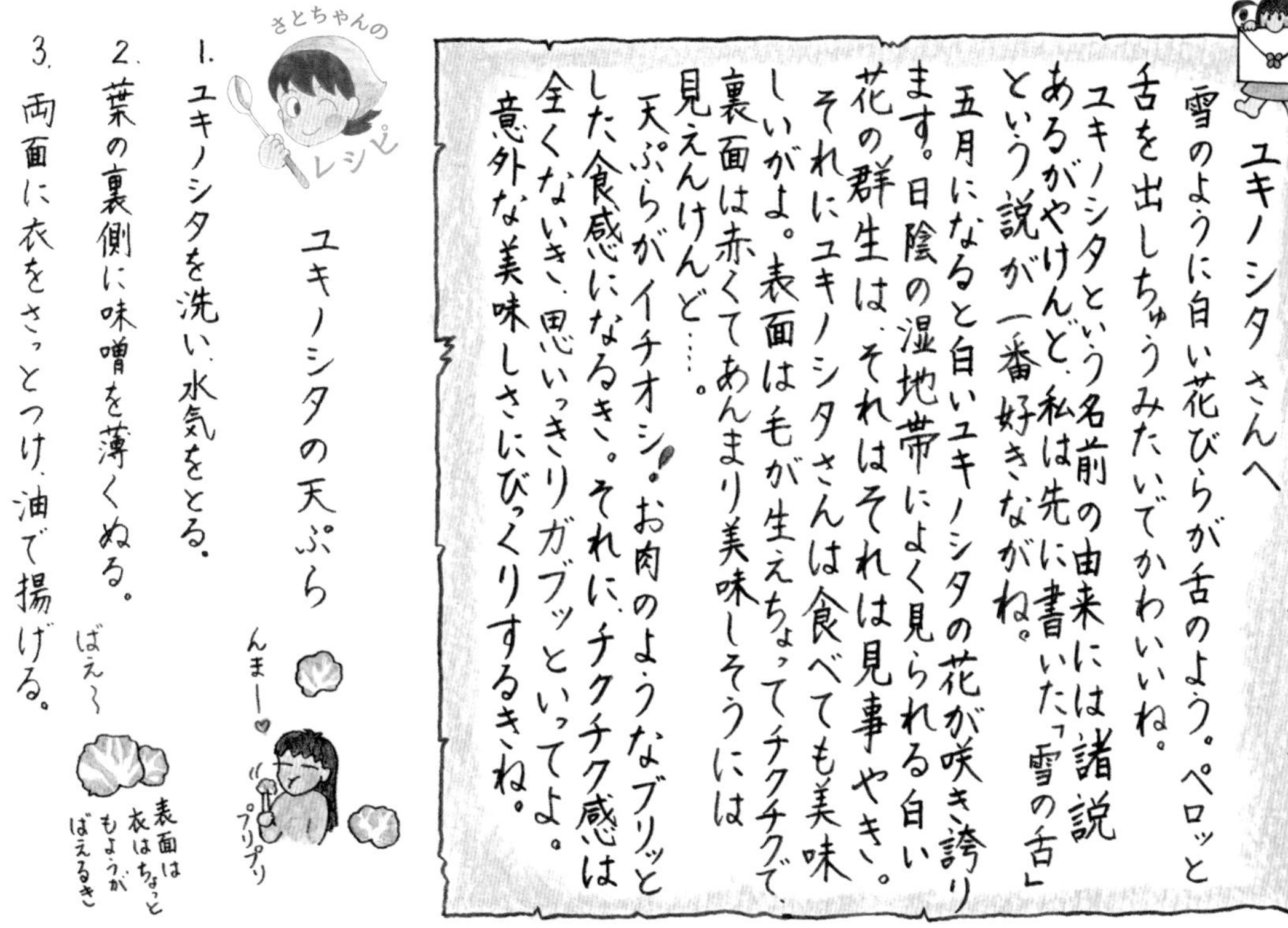

## ユキノシタさんへ

雪のように白い花びらが舌のよう。ペロッと舌を出しちゅうみたいでかわいいね。

ユキノシタという名前の由来には諸説あるがやけんど、私は先に書いた「雪の舌」という説が一番好きながね。

五月になると白いユキノシタの花が咲き誇ります。日陰の湿地帯によく見られる白い花の群生は、それはそれは見事やき。

それにユキノシタさんは食べても美味しいがよ。表面は毛が生えちょってチクチクで、裏面は赤くてあんまり美味しそうには見えんけんど……。

天ぷらがイチオシ！お肉のようなプリッとした食感になるき。それに、チクチク感は全くないき、思いっきりガブッといってよ。意外な美味しさにびっくりするきね。

さとちゃんのレシピ

### ユキノシタの天ぷら

1. ユキノシタを洗い、水気をとる。
2. 葉の裏側に味噌を薄くぬる。
3. 両面に衣をさっとつけ、油で揚げる。



〈薬効〉健胃、鎮咳、風邪予防、揉んで貼ると消炎 など

黒の存在感が増す

眩しい太陽の光を受けて
植物たちが輝く夏。

日が当たるところは
真っ白に輝いています。

その反対側で、存在感を放つ影の黒。

冬よりも春、春よりも夏と
黒はどんどん存在感を増していきます。

「光を際立たせるためには、影の黒を強くする」
絵を学ぶ親友が教えてくれたことです。

黒ってすごい色やなあ〜。

# エビスグサ

〈科　目〉マメ科

〈別　名〉不明

〈生薬名〉決明子（けつめいし）

このほそーいさやに
まほうがつまっちゅう
がねー

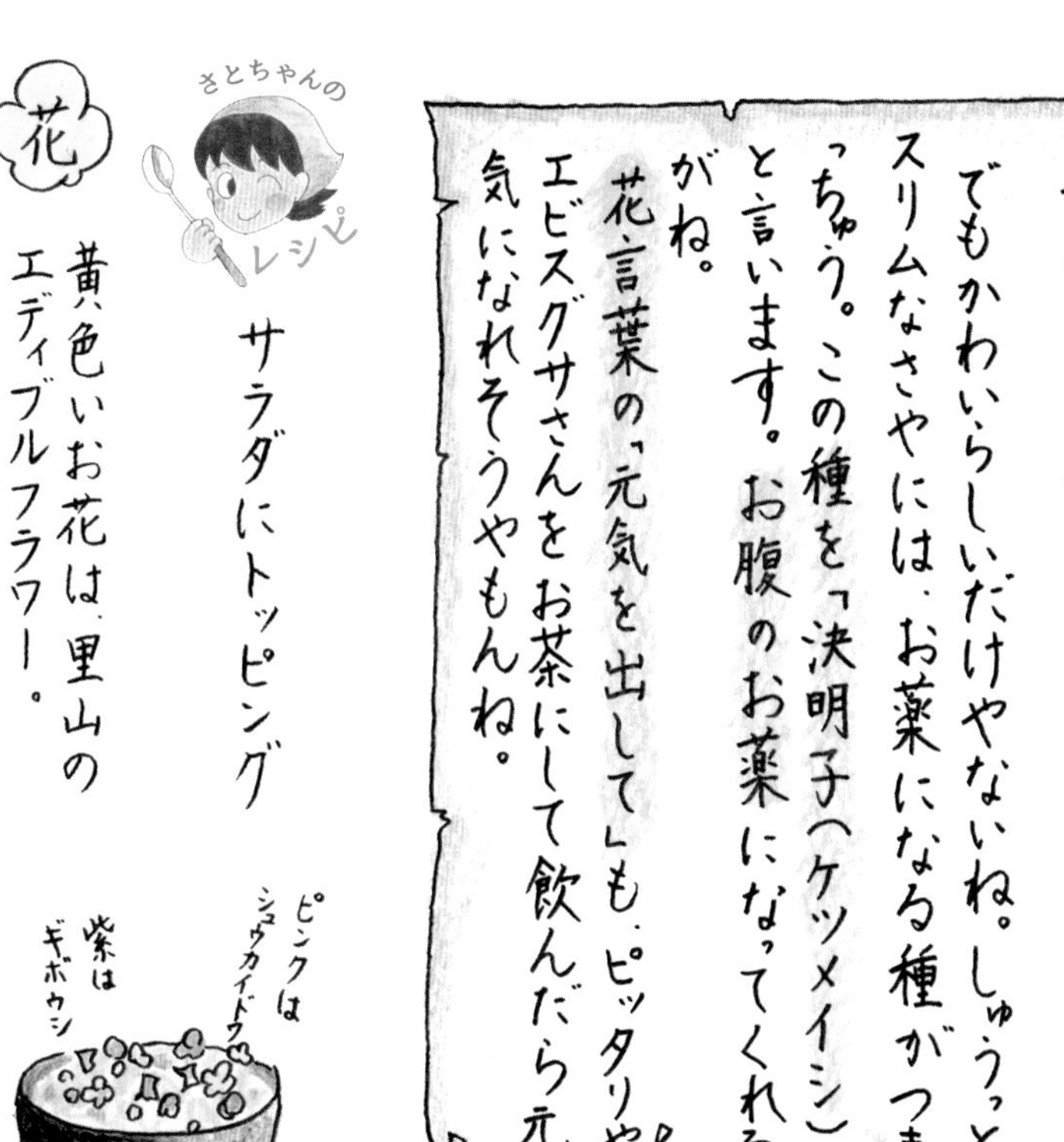

エビスグサさんへ

黄色いお花がとってもかわいらしいね。

でもかわいらしいだけやないね。しゅうっとスリムなさやには、お薬になる種がつまっちょう。この種を「決明子（ケツメイシ）」と言います。お腹のお薬になってくれるがね。

花言葉の「元気を出して」も、ピッタリや！

エビスグサさんをお茶にして飲んだら元気になれそうやもんね。

さとちゃんの花レシピ

## サラダにトッピング

黄色いお花は、里山のエディブルフラワー。

サラダにトッピングして



あと……

種と葉を炒ったものがハブ茶として、市販されています。

〈薬効〉健胃、緩下、整腸、利尿 など

# ハブソウ

〈科　目〉マメ科

〈別　名〉不明

〈生薬名〉望江南（ぼうこうなん）

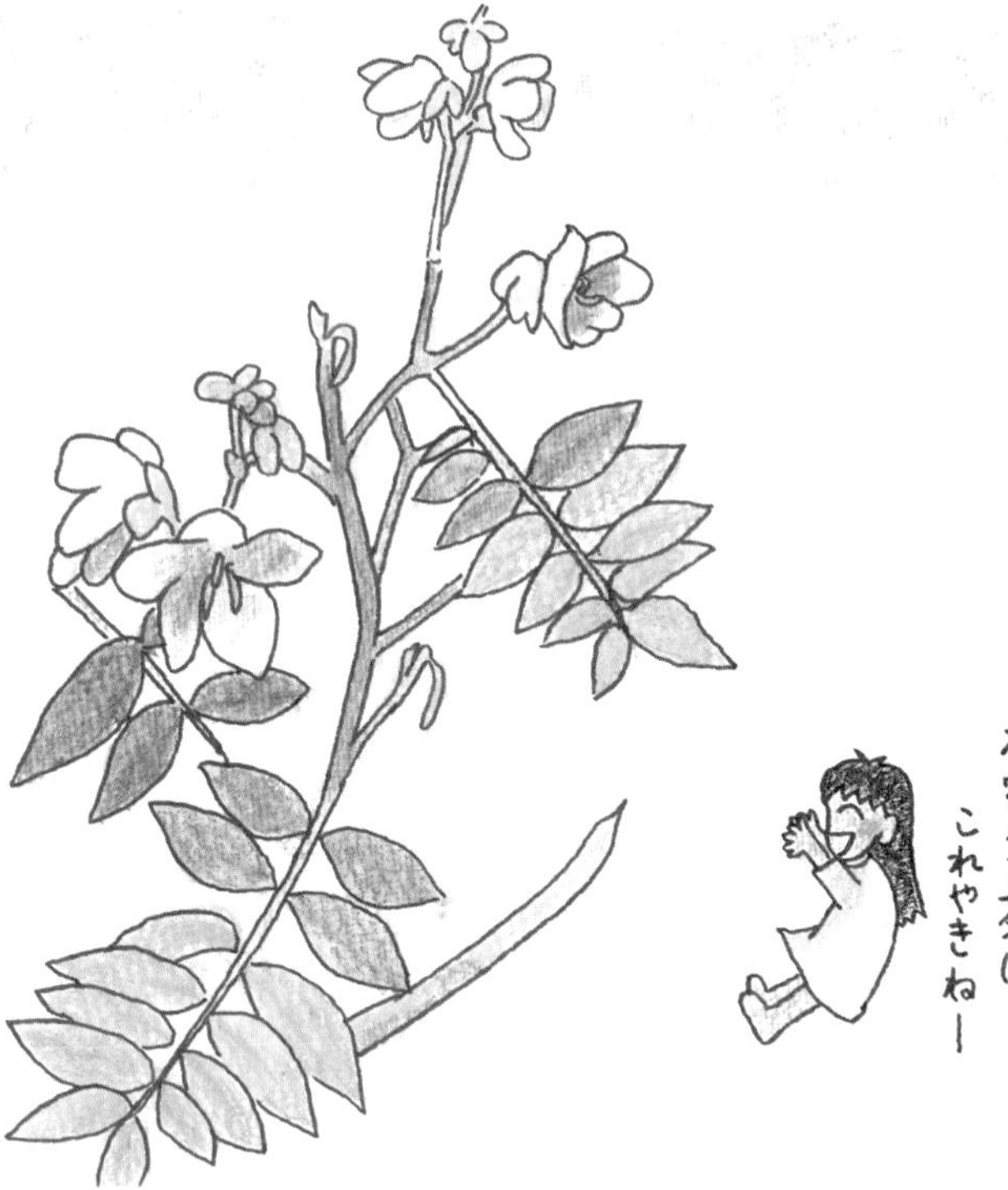

本家ハブ茶は
これやきねー

ハブソウ さんへ

ハブソウと言えば、ハブ茶！

おばあちゃんちに行くと、ハブ茶が出てきた。だからね、私はハブ茶と聞くと、おばあちゃんちを思い出すがよ。

思い出の味やね。

前ページのエビスグサと似てない？

けんど、よく見ると違うがよ。

一番の違いは、葉っぱの形。ハブソウの葉は、先がとんがってて、ラグビーボールみたい。エビスグサの葉っぱは、先が丸いきね。

気をつけて見てみてね。

ハブ茶

1. ハブソウの葉をカリカリになるまで天日干しにする。

2. 急須に二〜三つまみ葉を入れ、お湯を注いで三分程待つ。

〈薬効〉緩下、健胃 など

# キカラスウリ

〈科　目〉ウリ科

〈別　名〉ヤマウリカズラ

〈生薬名〉根…括桜根（かろこん）　澱粉…天瓜粉（てんかふん）

白いレースのドレスみたい♡

キカラスウリさんへ

あなたはまるで、里山に咲く花嫁さん。レース状になった白い花びらは、ウェディングドレスやブーケになりそうな美しさ。まるで、白いドレスを身にまとっているかのように咲きゆうね。

子どもの頃、あせもができんように、天瓜粉（てんかふん）をポンポンとつけてもろうた。これは、あなたの根っこからとった、でん粉ね。子どもの頃の懐しくて優しい思い出。

さとちゃんのレシピ

キカラスウリの天ぷら

1. 葉を洗い、水気をとる。
2. 衣を裏面につける。
3. 油で揚げ、衣のついてない表面を上にして盛りつける。

見た目って大事！ばえるように盛って

〈薬効〉利尿、催乳、小児の皮膚疾患（あせも、湿疹）など

# キンミズヒキ

〈科目〉バラ科
〈別名〉ヒッツキグサ
〈生薬名〉龍牙草（りゅうげそう）

キンミズヒキの花

キンミズヒキ さんへ

あなたに興味を持ったのは、アロマの先生の一言からです。

「あ、これ、アグリモニアね」

それまで、黄色いかわいいお花くらいしか思ってなかったけど。あなたは、お腹の救世主ながやね。

花言葉は「しがみつく」。

これは、種が人や動物に運んでもらうために、衣服や毛にくっつくきやね。

ナイスな花言葉！

さとちゃんのレシピ

## キンミズヒキ茶

1. キンミズヒキの全草をカリカリになるまで天日干し。
2. 適当な大きさに刻み、急須に入れる。
3. お湯を注いで二〜三分待つ。

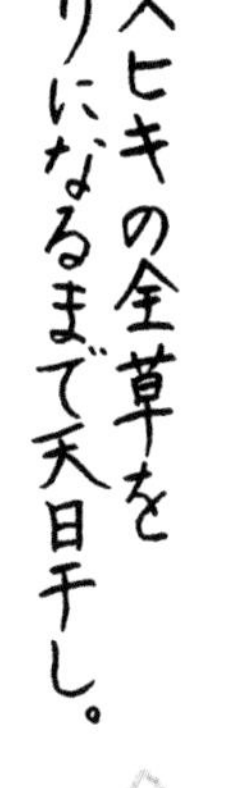

〈薬効〉 止瀉、止血、利胆 など

# クズ

〈科　目〉マメ科
〈別　名〉ウマフジ、クツバカズラ
〈生薬名〉葛根（かっこん）

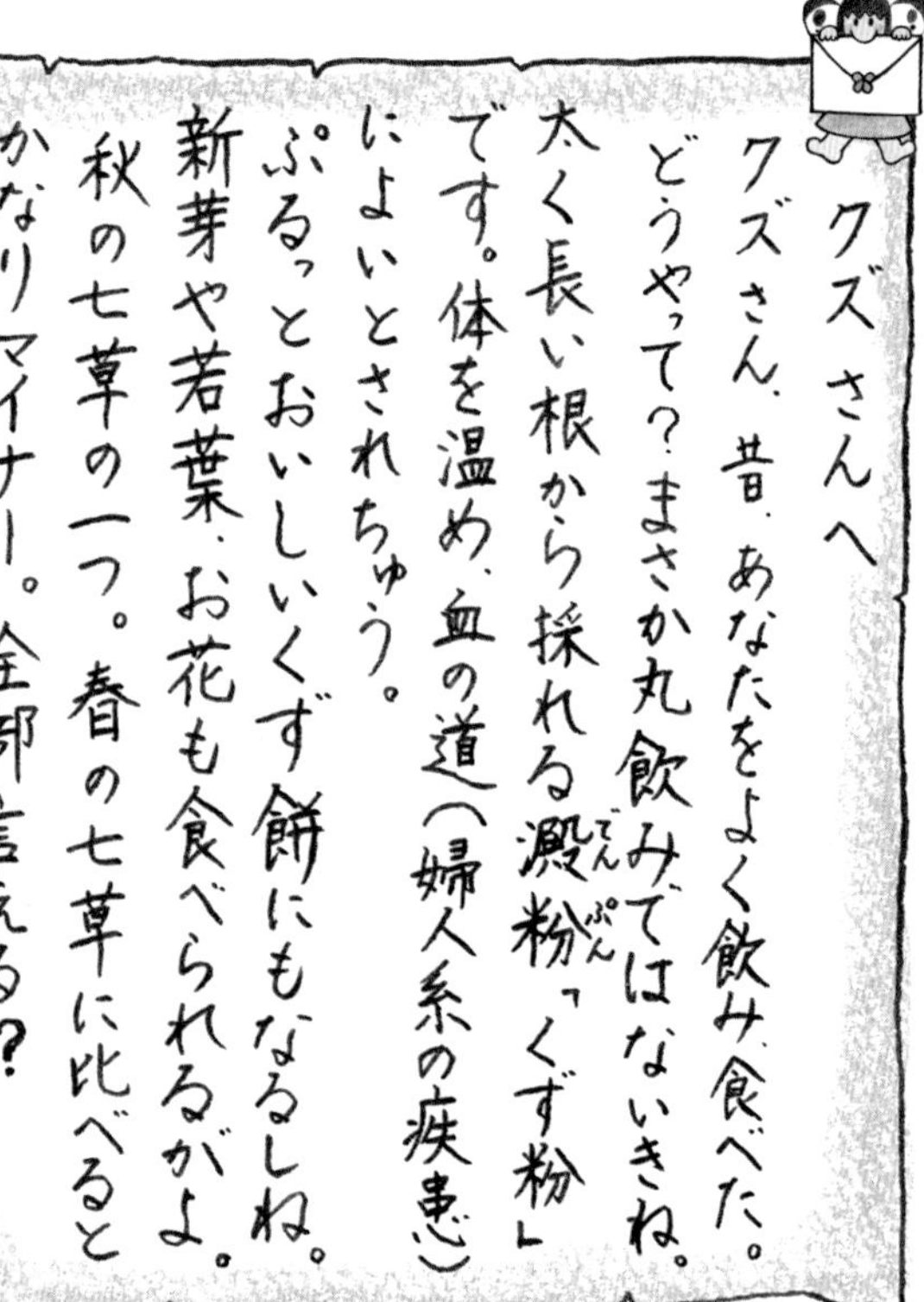
クズさんへ

クズさん、昔、あなたをよく飲み、食べた。どうやって？まさか丸飲みではないきね。太く長い根から採れる澱粉「くず粉」です。体を温め、血の道（婦人系の疾患）によいとされちゅう。

ぷるっとおいしいくず餅にもなるしね。新芽や若葉、お花も食べられるがよ。秋の七草の一つ。春の七草に比べるとかなりマイナー。全部言える!?

さとちゃんのレシピ

## クズのまぜごはん

1. クズの花をさっとゆがき、梅酢に漬ける。
2. 若葉と新芽を塩ゆでし、細かく刻む。
3. 1と2をごはんにまぜる。

知っちょった？

秋の七草
ハギ
ススキ
キキョウ
ナデシコ
オミナエシ
フジバカマ
クズ

見た目もあざやか〜

〈薬効〉根…発汗、風邪予防、解熱　花…解毒、二日酔い改善 など

# ツユクサ

〈科　目〉ツユクサ科

〈別　名〉アオバナ、ボウシバナ、ツキクサ

〈生薬名〉不明

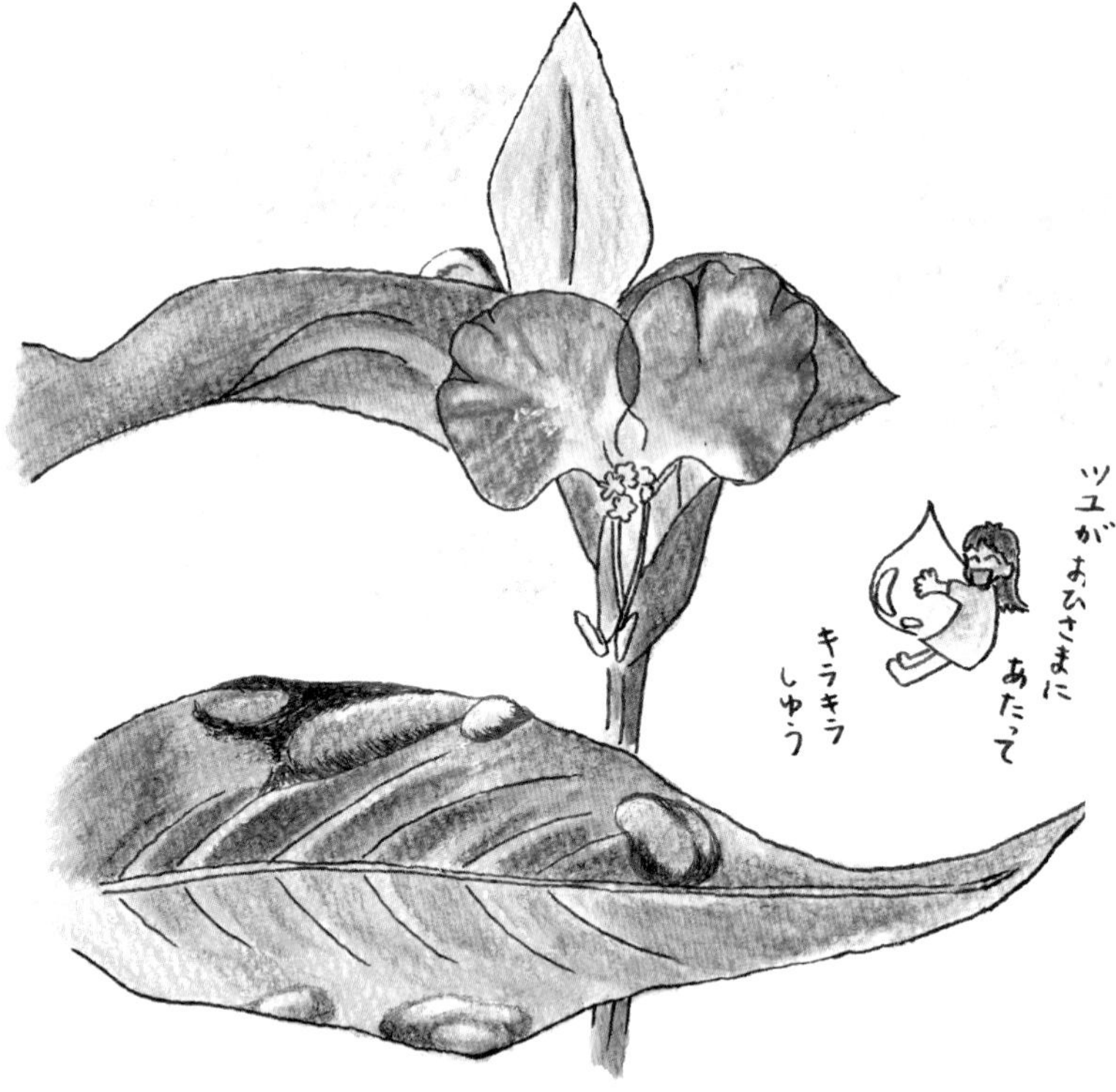

ツユがおひさまにあたってキラキラしゅう

ツユクサさんへ

ここで一句

夏の朝 心にしみる ツユクサの青

あなたに会いに行くなら、断然朝よね。だってあなたはその名前の通り、早朝に、露をまとって咲いた後、午後には花を閉じてしまう。

会える時間がとっても短いがよ。

夏の朝、朝日を浴びて、これから精いっぱい咲こうとしゅうパワーをいただきたいな♫

よし、お散歩に出かけてみよっと！

さとちゃんのレシピ

## ツユクサのおひたし

1. ツユクサの全草をさっとゆがいて水にさらす。
2. しぼって刻む。
3. 醤油とカツオブシであえる。

ダイエットにもえいよ

〈薬効〉 利尿、解熱、止瀉、緩下 など

# ホタルブクロ

〈科　目〉キキョウ科
〈別　名〉チョウチンバナ
ツリガネソウ
〈生薬名〉不明

かくれんぼするのに
ぴったりよ

ホタルブクロ さんへ

「もういいかい?」

「まあだだよ」

ホタルもそんなことを言いながら、かくれんぼしたのかもね。だから「ホタルブクロ」って名前がついた。私はそう思うがよ。

また、子どもたちがこの花の中にホタルを入れて遊んだからだとも言われゆう。

花びらから透けるホタルの光を見て子どもたちは大喜びしたろうね。

花の名前の由来から色々なことを想像するかは楽しくてたまりません。

さとちゃんのレシピ

## ホタルブクロつめつめ

1. ホタルブクロの花を洗いガクと花粉をのける。

これ

これ

2. おからと刻んだハム、キュウリをマヨネーズであえて、おからサラダを作る。

3. おからサラダをホタルブクロにつめる。

ポテサラとか、何をつめてもOK。あなたは何つめる?

〈薬効〉不明

# 秋

物思いにふける

里山のお野菜たちの絵を描く時
影の黒を最後につけることで
絵は一層美しくなります。

人も同じだと思います。
影の部分はなるべく隠しておいて
光の部分だけを認めたいものです。
でも
影があってこその光。
影も光も、尊い自分の一部。
両方認めていけるようになっていきたいと思います。
自分の影も他人の影も。
植物の絵を描くことで
たくさんのことに気づかされます。

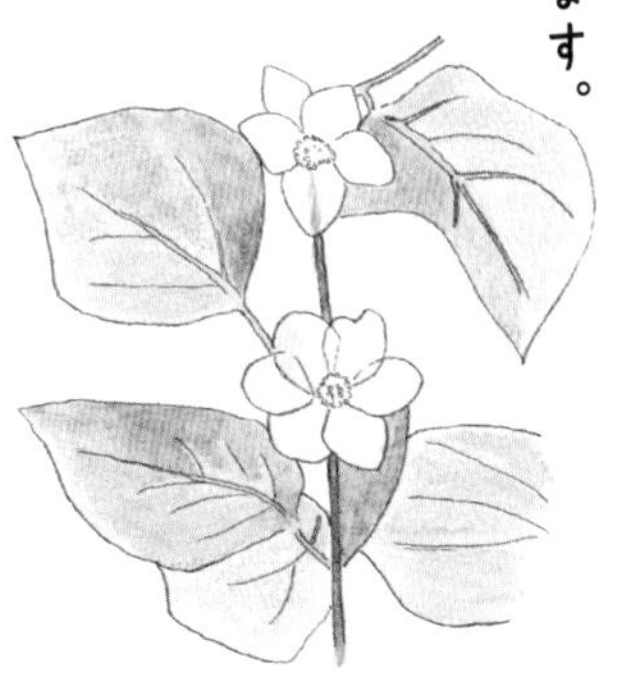

# アオミズ

〈科　目〉イラクサ科
〈別　名〉不明
〈生薬名〉不明

イラクサ科の葉っぱのとげとげのことながやってー

イライラするーのイラは

アオミズさんへ

サラダには絶対外せない！
名脇役にして主役級!?
里山のお野菜でサラダを作る時、
あなたが欠かせない理由は二つ。
①くせがないからどんな食材ともコラボできちゃう
②抜群のシャキシャキ感で存在感はしっかりアピール
すごいでねぇし！
でも、サラダだけじゃないレシピも紹介。

たまらん
シャキシャキ

さとちゃんのレシピ

アオミズのジェノバソース

1. アオミズ三十枚程度
シソ、カキドオシは数枚ちぎって洗う
2. 松の実十個程度、ニンニク一〜二かけ
オリブ油とノをミキサーにかける。
3. パンにぬったりパスタにかけたりする。

ガーッ
OLIV OIL

〈薬効〉糖尿病予防、急性胃炎・尿道炎の予防 など

# イノコズチ

〈科　目〉ヒユ科

〈別　名〉フシダカ

〈生薬名〉牛膝（ごしつ）

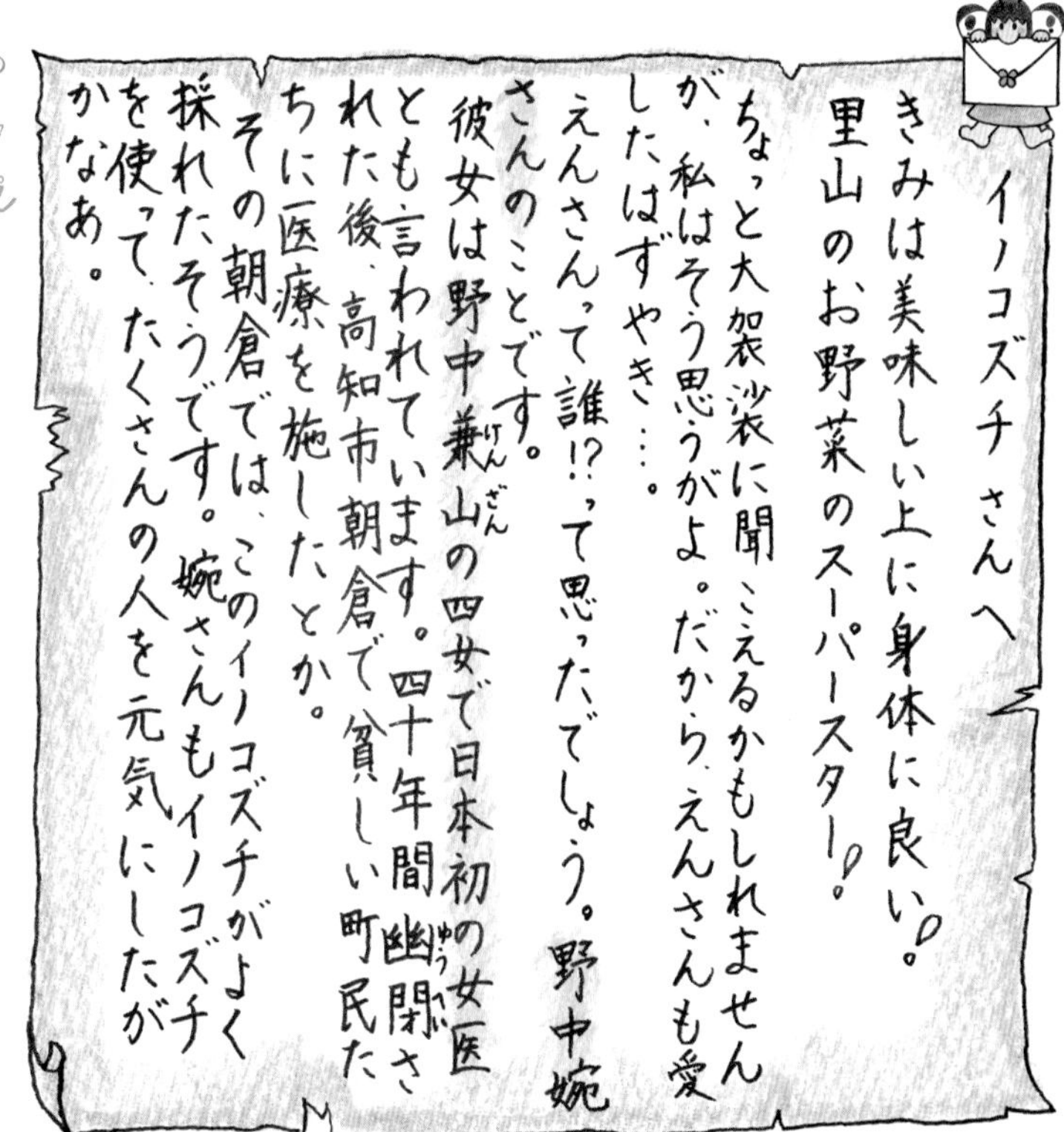
イノコズチさんへ

きみは美味しい上に身体に良い！
里山のお野菜のスーパースター！
ちょっと大袈裟に聞こえるかもしれません
が、私はそう思うがよ。だから、えんさんも愛
したはずやき…。
えんさんって誰!?って思ったでしょう。野中婉
さんのことです。
彼女は野中兼山（けんざん）の四女で日本初の女医
とも言われています。四十年間幽閉（ゆうへい）さ
れた後、高知市朝倉で貧しい町民た
ちに医療を施したとか。
その朝倉では、このイノコズチがよく
採れたそうです。婉さんもイノコズチ
を使って、たくさんの人を元気にしたが
かなあ。

さとちゃんのレシピ

## イノコズチの佃煮

1. イノコズチの若葉をゆでてしぼり、細かく刻む。
2. 醤油、みりん、酒を加え、汁気がなくなるまで煮詰める。
3. ごはんや卵焼き、豆腐にのせていただく。

グツグツ

たくさん作って冷蔵庫に保存。一週間OK

〈薬効〉根…利尿、強壮、通経、足腰強化 など

# エゴマ

〈科　目〉シソ科

〈別　名〉ジュウネン

〈生薬名〉荏（え）

エゴマさんへ

エゴマって聞くと、韓国料理を思い浮かべる。だから韓国の人ってキレイな人が多いか!?

いや、あり得ます!だって、エゴマの葉には健康パワー、美容パワーが詰まっています。このパワーをキムチや焼肉で食べよったら、そりゃあ、キレイになれるわ。

種子から採れるエゴマ油はα(アルファ)リノレン酸がたっぷり。若返りの油やきね♡

エゴマを食べたら「十年長生きする」と言われてるから別名「ジュウネン」。納得!

さとちゃんのレシピ

## エゴマのにんにく醤油漬け

1. エゴマの葉を十枚程度洗い、水気をしっかりとる。
2. ジッパー付きの袋に醤油、ごま油、すりおろしたにんにくを入れて漬け込む。
3. 時々ひっくり返しながら、冷蔵庫で半日以上ねかせる。

卵やきにも

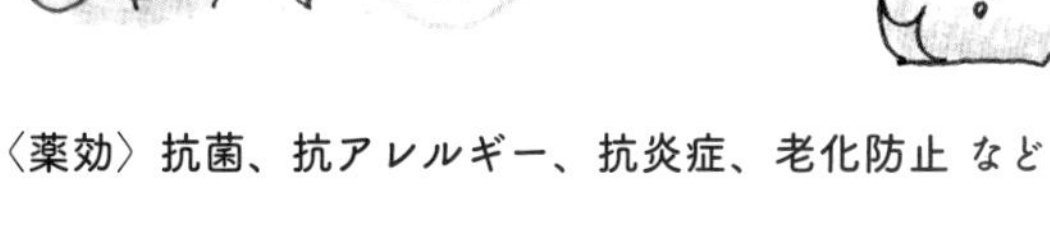

のりのかわりにエゴマむすび

〈薬効〉抗菌、抗アレルギー、抗炎症、老化防止 など

# シュウカイドウ

〈科　目〉シュウカイドウ科
〈別　名〉ヨウラクソウ
〈生薬名〉不明

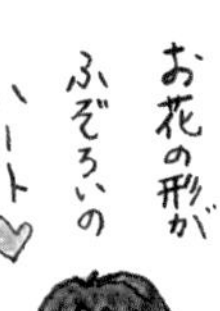

シュウカイドウ さんへ
あなたの花言葉は「片思い」
この由来がね、とっても素敵なの。
夏の終わりからピンク色のとっても愛らしい花を咲かせるシュウカイドウさん。
でも今回は葉に注目。左右の大きさが不揃いのハートの形でしょ。片方だけがね、大きいから「片思い」なんです。
↑こんなふうに
両方の大きさが揃って両思いになることはないなんてね。切ないちゃや……。

さとちゃんのレシピ

シュウカイドウの
サラダ、味噌汁

花
華やかなピンクのお花はサラダにトッピングする。

葉
葉と茎は、刻んでお味噌汁に。
でき上がる直前にパッと。
酸味のあるサッパリしたお味に。

食欲ない日も、これなら……

〈薬効〉緩下、疲労回復、利尿 など

# スベリヒユ

〈科　目〉スベリヒユ科
〈別　名〉非憂菜（ひゆな）
〈生薬名〉馬歯見（ばしけん）

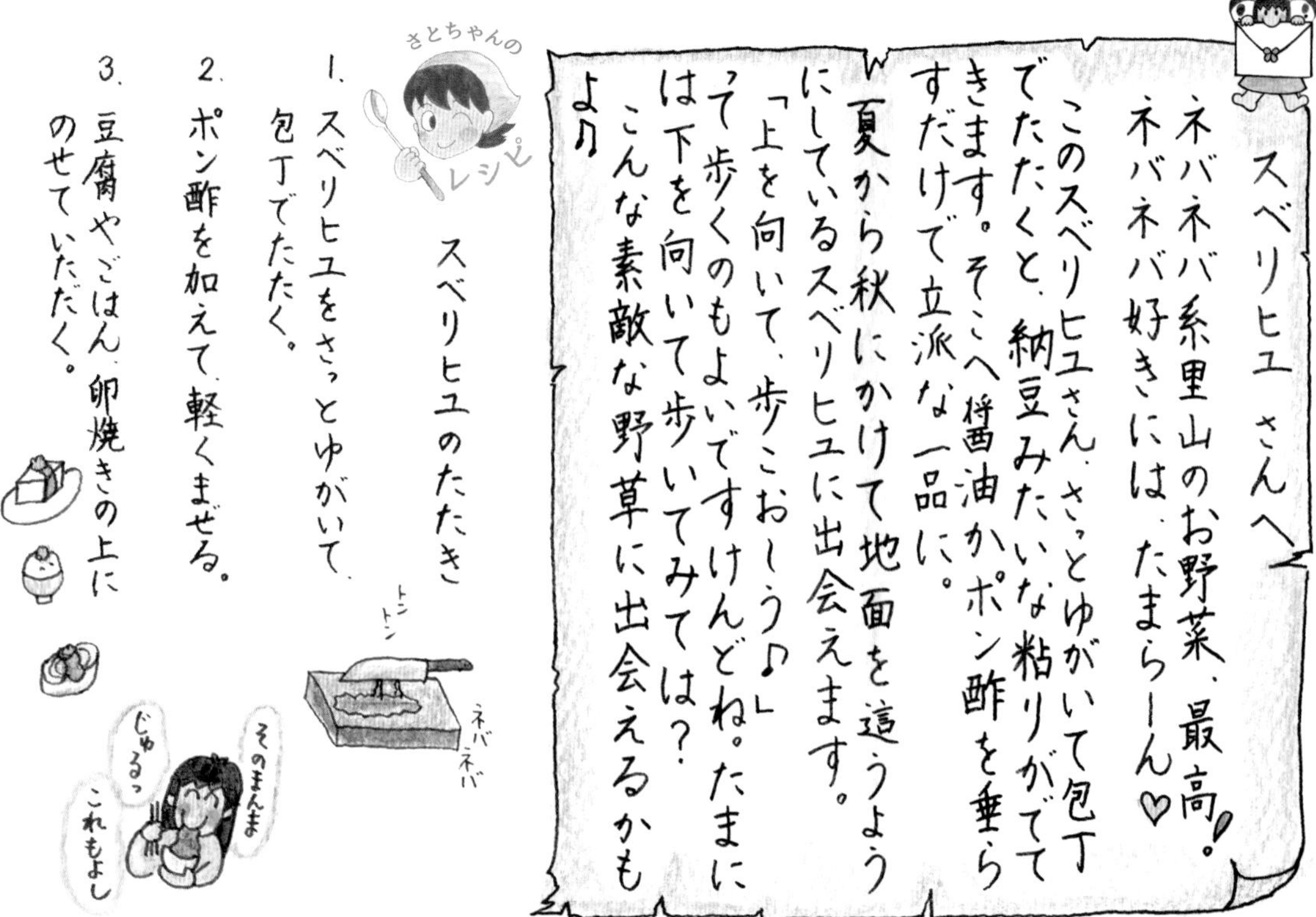


〈薬効〉美肌（ニキビ、イボ取り）、緩下、浄血、利尿 など

# ベニバナボロギク

〈科　目〉キク科
〈別　名〉ショウワグサ
ナンヨウシュンギク
〈生薬名〉不明

ベニバナボロギク さんへ

「ちょっと、人間さんたち。ボロって何よ！
失礼しちゃうわね！」

もし、あなたがしゃべることができたなら
きっとこう言うだろうね。

いや、おっしゃるとおりです。大変失礼
致しました。だって見た目も全然悪く
ないし、何よりあなたは美味しいもの。
ほんのりとした苦味がもう最高よ♡
どうか名前だけで敬遠しないで食
べてみとーせ。😁 ハマりますよ！

さとちゃんのレシピ

ベニバナボロギクの
ポタージュ

1. 鍋にバターを入れて、細かく刻んだ玉ねぎとじゃがいもを炒め、水を加えて煮こむ。

2. 材料が柔らかくなったら火を止め、ベニバナボロギクを十枚程入れて、ミキサーにかける。

3. 鍋に戻し、豆乳を加えて温め、塩で味付けする。

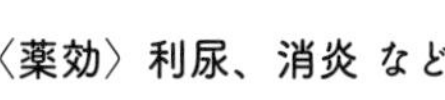
〈薬効〉 利尿、消炎 など

# マタタビ

〈科　目〉マタタビ科
〈別　名〉ナツウメ
〈生薬名〉木天蓼（もくてんりょう）

生薬として使われる「木天蓼」

これよ

こんな形になったのが

この実に虫が卵うみつけて

マタタビさんへ

猫は酔わせるくせに、人間はとっても
元気にしてくれるがよね。
マタタビの実には、健胃、強壮などの
作用があるとされちょって、体を元気にして
くれるがよ。実が食べられるのは、十一月以降。
名前の由来はね、弱り果てた旅人が
マタタビの実を食べたところ、元気になり、
また旅を続けられたことから、
「また旅（マタタビ）」となったがやと。
マタタビさん、あなたのそのちっちゃい実に
どんだけ元気パワーを秘めちゅうが⁉

さとちゃんのレシピ

マタタビの
おひたし、マタタビ酒

おひたし

1. マタタビの葉を塩ゆでして
よく水にさらし、しぼる。

2. 細かく刻んで、醤油やカツオブシ
であえる。

酒

十一月〜十二月の熟した実を四倍の
量のホワイトリカーに一年程漬ける。

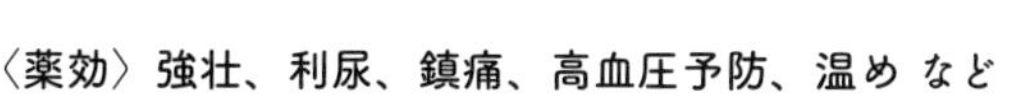
〈薬効〉強壮、利尿、鎮痛、高血圧予防、温め など

# 冬

里山が眠る？

冬の里山は
眠っているように見えますよね。
そんなことはありません。
寒さに負けず

がんばって咲いている里山のお野菜たちは
たくさんあります。

お餅つきには欠かせないヨモギ。
春の七草、セリ、ナズナ、ゴギョウ、
ハコベラ、ホトケノザ……。
七草粥を食べて
一年の無病息災を願います。

その小さな体に
冬を乗り切るためのパワーを秘めた里山のお野菜たち。
そのパワーをいただいて
私たち人間も
元気に春を迎えることができます。

# ヨモギ

〈科　目〉キク科
〈別　名〉モチグサ
〈生薬名〉艾葉（がいよう）

ヨモギさんへ

草もち、草団子、天ぷら、ヨモギ茶、みーんな大好き♡
あと、あれ！ヨモギ蒸し。友だちのお宅で、何度か座浴させてもらったよ。乾燥させたあなたを使った、生理用品も流行ったね。冷えに悩む女性の強い味方やね！
昔は転んだら傷口にもみこんだり、お灸に使う「もぐさ」になったり。
今も昔も大活躍やんか、ヨモギさん！

さとちゃんのレシピ

## ヨモギのまぜごはん

見た目きれいなおにぎりにしても！

1. ヨモギはゆがいて、水にさらし、よくしぼっておく。
2. ヨモギとニンジンとおあげを細く刻んで、ごま油で炒める。
3. めんつゆで味付けし、ごはんにまぜる。

見た目もよし、何杯でもおかわり♡

〈薬効〉止血、温め、強壮、健胃、浄血 など

# セリ

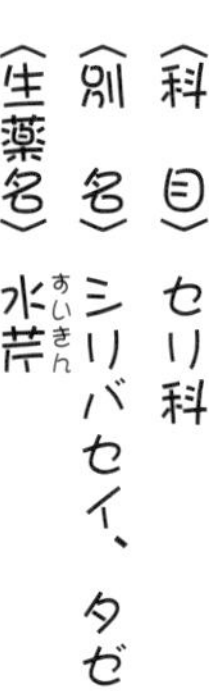
〈科　目〉セリ科
〈別　名〉シリバセイ、タゼリ
〈生薬名〉水芹（すいきん）

せりは
一ヶ所から
せり出して
生えてくるがよね

セリさんへ

春の七草のトップバッターにふさわしい。
栄養満点の里山のお野菜やね。
一月七日に食べる七草粥ってね、
年末年始の暴飲暴食で疲れた
胃を癒すために食べるとも言われゆう。
このセリは、まさにその通り。独特の
セリの香りは胃を元気にしてくれるがね。
胃もたれを解消して、食欲がない時は、
食欲を元に戻してくれるき。
一月七日は、セリの入った七草粥を
食べて胃をリセットしようね。
そして、健康な一年をスタートやきね！

さとちゃんのレシピ

## セリのおひたし

1. セリをさっとゆがいて水にとり、しぼる。
2. 適当な大きさに刻む。
3. 醤油やおかかとあえる。

七草粥以外にも

この香りが食欲そそる

春の七草全部言える

・セリ
・なずな
・ゴギョウ
・ハコベラ
・ホトケノザ
・スズナ
・スズシロ

〈薬効〉食欲増進、健胃、解熱、鎮痛、風邪予防 など

# ナズナ

〈科　目〉アブラナ科
〈別　名〉ペンペングサ
〈生薬名〉薺（せい）

ナズナさんへ

子どもの頃、よくあなたで遊んだよ。耳元でシャラシャラって鳴らしたよ。

みなさんは、そんなふうにして遊んだ記憶ないですか？実をそいで、ぶらんとさせて振ったら、心地良い音がするんですよね。「ペンペン草」の方が、馴染み深い呼び方かもしれませんね。それがナズナのことと知ったのは、少し大人になってからでした。しかも春の七草の一つで、食べられて、栄養もたっぷりなんて。知らない人たくさんおるがやない!?

さとちゃんのレシピ

## 春の七草粥

1. ナズナをはじめ、春の七草をさっとゆがいて、細かく刻む。
2. 鍋に炊いたごはんと水を入れて、火にかける。
3. ふつふつとしてきたら、刻んだ七草を入れ、塩で味付けする。

トントン

ぐつぐつ

一年の幸せを願って

〈薬効〉眼底止血、月経不順改善、解毒、解熱、高血圧予防 など

# ゴギョウ

〈科　目〉キク科

〈別　名〉オギョウ、ハハコグサ

〈生薬名〉鼠麹草（そぎくそう）

花

七草粥に入れたり
主に食べるのは
こっちね

ゴギョウさんへ
元祖草餅はあなた！

今は、ヨモギさんがメジャーやけど。

平安時代頃までは、ゴギョウさんが草餅やったが。けんどね、あなたは別名ハハコグサっていうから、母子をつくのは縁起が悪いってことでヨモギになったがよね。ヨモギさん、栄養あるし。

でも、ゴギョウだって栄養たっぷり。

だから、七草粥にも入っちゅうがやき。

いつか、ゴギョウの草餅、作ってみよ。



## ゴギョウのスクランブルエッグ

1. ゴギョウは、さっとゆがいて細かく刻む。
2. フライパンにバターか油をひき、といた卵を流し込む。
3. 卵をかきまぜながら、刻んだゴギョウを加え、塩コショウで味をつける。



〈薬効〉鎮咳、気管支炎予防、去痰、利尿 など

# ハコベ

〈科　目〉ナデシコ科
〈別　名〉ヒヨコグサ、ホーベラ
〈生薬名〉繁縷（はんろう）

ヒヨコさんが
大すきな
草なががやとー

ピヨ
ピヨ

ハコベさんへ
ヒヨコさんが大好きだから別名「ヒヨコグサ」
名前も見た目もかわいくて好き♡
白い小さなお花、春になると野山や公園
道端でもよく見かけますね。白いお花
も食べられるから、そのまま刻んでサラ
ダにしちゃえば、とってもかわいい春花サ
ラダになります。
かわいいだけじゃなくて薬効もすごい!
女性の強い味方になってくれるが。そ
れに、歯磨き粉にもなってくれるとは。
ハコベさん、やるやか!

さとちゃんのレシピ

ハコベとリンゴの
紅白サラダ

1. ハコベは、花つきのまま、洗って刻む。
2. リンゴは、皮つきのまま
サイコロ状に切る。
3. バランスよくもりつけて、
ドレッシングをかけて食べる。

〈薬効〉産前産後の浄血、産後の肥立ちを良くする、利尿、催乳、消炎 など

# ホトケノザ

〈科目〉キク科

〈別名〉コオニタビラコ

〈生薬名〉不明

ホトケノザ さんへ

同じ名前のホトケノザがあるけど、食べられる春の七草はこのキク科の別名コオニタビラコのこと！

同名異種のホトケノザは、こちらですね。

これはシソ科で、かわいらしい花とフリルのような葉が特徴。どちらかというと、こっちの方がよく知られちゅうけど、毒性があって食用には向きません。

うっかり食べないように、気をつけてくださいね。



さとちゃんのレシピ

ホトケノザのお味噌汁

1. ホトケノザは洗って細かく刻む。
2. お味噌汁ができ上がったら、ホトケノザを入れて、火を止める。
3. 豆腐や厚揚げのようなたん白質の具材と合わせると栄養満点！



〈薬効〉 健胃、利尿 など

# ノビル

〈科目〉ユリ科

〈別名〉ノノヒル、ネビル

〈生薬名〉山蒜（さんさん）

上手に抜かないと途中で切れちゃうよー

ぷっちん

ここがおいしいところなのにー

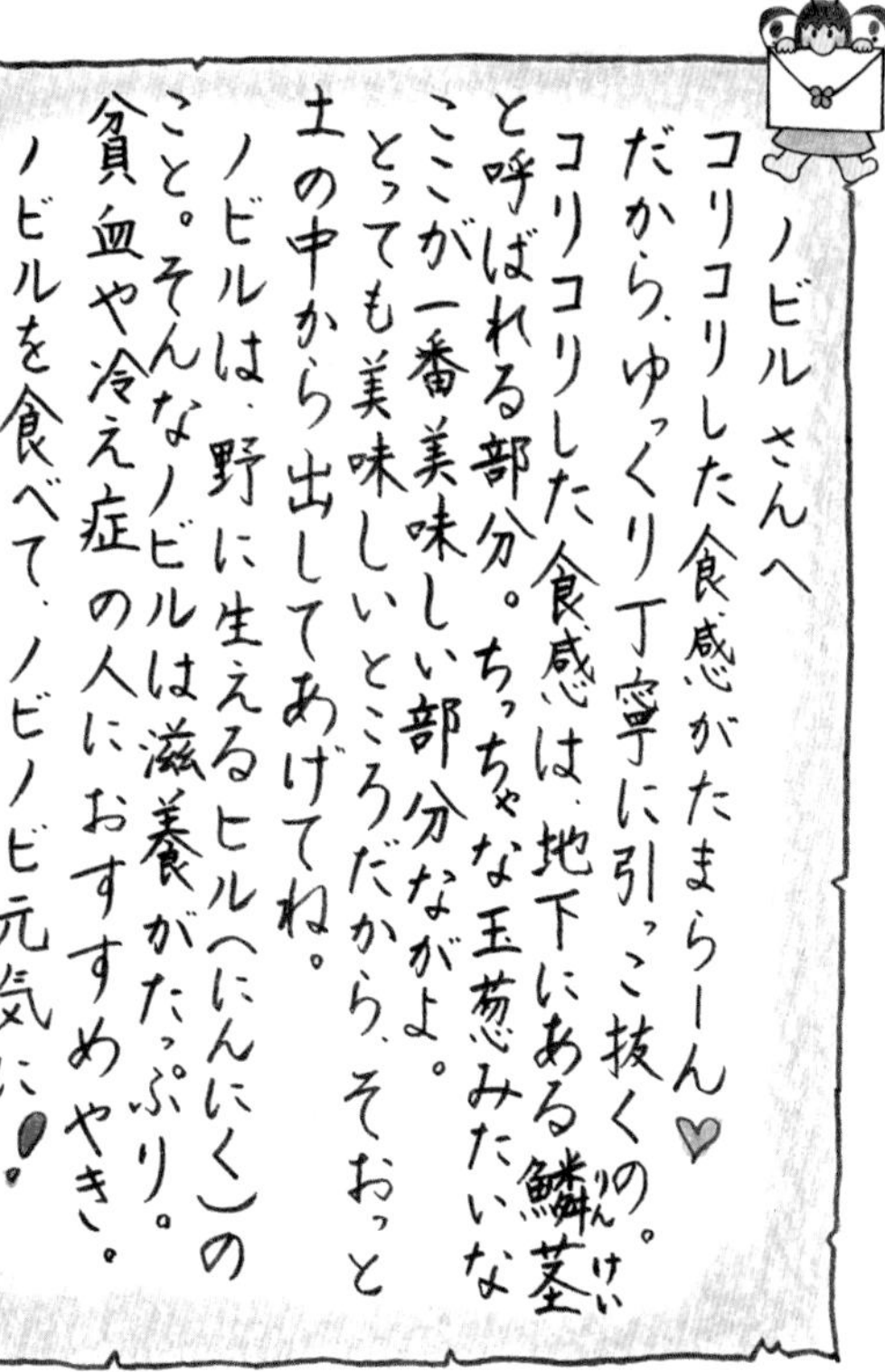
ノビルさんへ
コリコリした食感がたまらーん♡
だから、ゆっくり丁寧に引っこ抜くの。
コリコリした食感は、地下にある鱗茎（りんけい）
と呼ばれる部分。ちっちゃな玉葱みたいな
ここが一番美味しい部分ながよ。
とっても美味しいところだから、そおっと
土の中から出してあげてね。
ノビルは、野に生えるヒル（にんにく）の
こと。そんなノビルは滋養がたっぷり。
貧血や冷え症の人におすすめやき。
ノビルを食べて、ノビノビ元気に！

さとちゃんのレシピ

## ノビルの味噌マヨあえ

1. ノビルは、さっとゆがいて水にさらし、よくしぼる。
2. 味噌とマヨネーズを合わせる。
3. ノビルは食べやすい大きさに刻み、2と合わせる。お好みで、辛子酢味噌でもよし。

ビールのおつまみにぴったり♡

〈薬効〉食欲増進、健胃、鎮咳、去痰、月経不順改善 など

# タネツケバナ

〈科　目〉アブラナ科
〈別　名〉カラミゼリ、タガラシ
〈生薬名〉不明

クレソンみたいな
苦味が
おいしいがよね
大人の味やき

タネツケバナさんへ
私はあなたのことを勝手にこう呼ばせてもらいゆう。

「里山のクレソン」

若葉をちぎって食べてみてください。ピリッとくる辛さの後に、ほのかに残る苦味・まるでクレソン。

クレソンと同じアブラナ科なので味が似ているのは分かります。

名前の由来は、タネツケバナの白い花が咲く頃に種もみを水に漬けたから。昔の人は、植物と共に生活を営んでいたがやね。

何だか豊かでねー

さとちゃんのレシピ

タネツケバナのオリーブオイルあえ

1. タネツケバナをさっとゆがく。
2. 食べやすい大きさに刻む。
3. オリーブオイルと塩、または醤油であえる。



〈薬効〉利尿、むくみ改善、膀胱炎・尿道炎の予防改善 など

# おわりに

いかがでしたでしょうか？　素人が書いた里山のお野菜絵本、お楽しみいただけましたでしょうか？


この本の執筆中、一人の親友からラインが送られてきました。

「さとちゃん、これユキノシタやない？」

興奮している様子が文字からひしひしと伝わってくるようなメッセージが、タラの芽や海老の天ぷらと一緒に、品よく盛られたユキノシタの写真と共に。

「そう！　そのとおり！　よくわかったね。ユキノシタの天ぷら出してくれるなんて、ハイセンスなお店やね」

「やっぱり！　さとちゃんの絵本で見たことあったき、ユキノシタとわかった時は嬉しかった！　これから私みたいな人がどんどん増えていくと思ったら、さとちゃんの活動は世界を変えるね」

フィールドワーク中に見つけたフタリシズカの写真を送ってくれた親友もいました。ずっと大事に花瓶に生けてあるのだそうです。

「さとちゃんのおかげで、世の中にこんな可愛いお花があると知れて幸せ。一人の時も見つけられたら嬉しいなあ」

なんと嬉しい言葉でしょう。自分の好きなことをして、それが人を喜ばせることができるんだ。そう知った時、とても嬉しかったのです。

今まで知らずに食べていたかもしれない葉っぱが、ユキノシタだとわかった時の喜び。こんなに可愛いお花があったのだと、毎日ウキウキしながら眺める喜び。

知らなかったことを知ることで、世界は広がります。

知るということは本当に楽しいことです。

知ることで人は笑顔になります。

笑うと免疫力が上がり、健康になります。何より心が健康になります。

楽しむこと、楽しんで喜ぶこと、喜んで笑顔になること。

私はどちらかというと、数値や既存のデータよりも、楽しむということを大切にして食育活動を行ってきました。彼女たちの言葉に、自分のやってきたことが間違っていなかったと背中を押してもらえたように思えたのです。

教員時代、子どもたちが教えてくれた食の大切さ。それを楽しく伝えたいという思いで、5年間、活動してきました。その5年という節目に、この本を出版させていただくことができました。

私の大好きな食と山野草、それに加えて子どものころから大好きだった絵を描くということ。大好きな三つのものが詰まったこの本は、私にとって集大成であり新たなスタートでもあります。

きっと、この本を手に取っていただいたのもひとつのご縁です。この本があなたの生活を楽しくするひとつのエッセンスになれたら、嬉しいです。

末筆となりますが、この本を出すにあたり、お力を貸してくださった全ての方、いつも素敵な姿で心を和ませてくれる山野草たちへ、心からの感謝を申し上げます。

2020年初夏

山下　智子

【著者】　山下　智子（やました　さとこ）
1976 年 和歌山県田辺市生まれ。現在、高知市在住。
1998 年 4 月から 2015 年 3 月まで、高知県内で小学校教員として勤務。
学級担任をする中で、食育の大切さに気づく。
退職後、食育活動を開始。全国での講演活動、講座、フィールドワーク、
調理等を通して食の楽しさを伝えている。
HP「里山のさとちゃん ～自然の中で食べて遊ぼう！～」
https://www.satoyamano-satochan.com/

**里山お野菜日記**
～四季のめぐみ、いただきます～

発行日　　2020（令和 2）年 9 月 17 日
著　者　　山下　智子
編　集　　ひなた編集室
発　行　　㈱南の風社
〒 780-8040　高知県高知市神田 2607-72
MAIL：edit@minaminokaze.co.jp
TEL：088-834-1488　FAX：088-834-5783
HP：https://www.minaminokaze.co.jp/